KB265283

실 잣는 사냥꾼

거미

실 잣는 사냥꾼 **거미**

펴낸날 | 2012년 12월 31일 초판 2쇄
글 · 사진 | 이영보

펴 낸 이 | 조영권
꾸 민 이 | 강대현
알리는이 | 김원국
다듬은이 | 채희숙
도 운 이 | 정병길

펴 낸 곳 | **자연과생태**
주소 _ 서울 마포구 구수동 68-8 진영빌딩 2층
전화 _ (02)701-7345-6   팩스 _ (02)701-7347
홈페이지 _ www.econature.co.kr
등록 _ 제313-2007-217호

ISBN: 978-89-97429-07-3 93490

실 잣는 사냥꾼

거미

글 · 사진 이영보

자연과생태

일러두기

■ 거미의 이름은 『한국산 거미목 목록』(김병우·김주필, 2010)을 따랐으며, 어려운 학술용어는 우리말로 쉽게 풀어 썼습니다.

■ 몸의 구조, 먹이 포획방법, 거미의 생활형, 거미그물의 모식도, 거미줄의 역할과 기능 등 많은 부분에 있어서 『한국동식물도감』(21권, 1978, 문교부)과 『거미학의 연구』(1995, 김주필), 『거미줄의 연구』(1996, 김주필), 『거미의 세계』(1999, 임문순·김승태) 등에 나오는 내용은 따랐습니다.

거미의 세계로 초대합니다

어릴 적 집 울타리 주변에 커다란 오동나무 한 그루가 있었습니다. 낮에는 이 오동나무 위에 참새나 까치, 지금은 보기 힘든 뻐꾸기까지 날아와 쉬어가곤 했지요.

어느 날 아침에 까치가 울어대자 어머니께서는 "오늘 반가운 손님이 오시려나 보다" 하시면서 까치가 앉아 있는 오동나무를 쳐다보셨습니다. 어린 나이에 왜 까치가 울면 반가운 손님이 오는지 몰라 어머니께 여쭈어 보았더니 '아침에 까치가 울면 반가운 손님이 오거나 기쁜 일이 생기고, 밤에 까마귀가 울면 좋지 못한 일이 생긴다'는 옛 어르신들의 말씀이 있다고 하셨습니다. 어린 내겐 그 의미가 참으로 궁금했지요.

거미를 연구하면서 거미와 관련해서도 이와 유사한 내용이 있는 것을 보고 놀랐습니다. 중국 서적인 『서경잡기』에는 거미가 하루 중 나타나는 시간대에 따라 '아침에 천장에서 거미가 내려오면 반가운 손님소식이 찾아오고, 저녁에 거미를 보면 근심이 생긴다'는 말이 나와 있습니다. 거미를 연구하는 입장에서 생각해보니, 거미가 지닌 놀라운 능력 때문에 이런 말이 생긴 것 아닐까 싶습니다.

거미는 다리가 8개, 눈도 보통 8개로 다른 동물에 비해 많고, 대부분 온 몸이 털로 덮여 있습니다. 먹이를 먹을 때는 독이빨엄니로 물어 독액과 소화액을 주입해 녹여서 먹거나, 거미줄그물을 쳐서 걸려들게 해 잡아먹습니다. 이런 거미의 생김새와 습성 때문에 무섭거나 혐오스럽게 혹은 징그럽게 생각하는 사람이 많지요.

그러나 거미는 자연계에 살아 있는 동물 중 인간 외에 유일하게 도구거미줄, 그물를 이용해 자신의 몸을 보호하고 먹이를 잡는 존재입니다. 거미는 실을 잣는 건축가이며, 동화 「샬롯의 거미줄」에서처럼 행운을 가져다주기도 하고, 강철보다 강한 나노섬유를 제공하기도 합니다. 크기는 인간과 비교할 수 없을 만큼 작지만 먹이 포획에 대한 융통성도 있고, 삶에 대한 전략도 지니고 있지요. 또한 거미는 벼 해충의 천적으로 이용할 수 있고, 질병을 치료하는 약물이나 단백질을 공급하는 식용으로 사용되기도 합니다.

작은 몸집으로 강력한 거미줄그물을 쳐서 벌레를 잡아먹고 사는 거미를 보면서, 우리도 자신의 능력을 잘 발휘할 수 있도록 열심히 노력해 스스로 미래를 개척해 나가야겠다는 '거미의 교훈'을 되새겨 봅니다.

마지막으로 부족하고 일천한 자료를 모아 책으로 꾸밀 수 있게 도움 주신 조영권 편집장과 〈자연과 생태〉 가족 여러분에게 깊이 감사하며, 묵묵히 삶의 지침이 되어주신 부모님과 사랑하는 아내와 대열, 민정에게도 고마운 마음을 전합니다.

매봉재에서 **이영보**

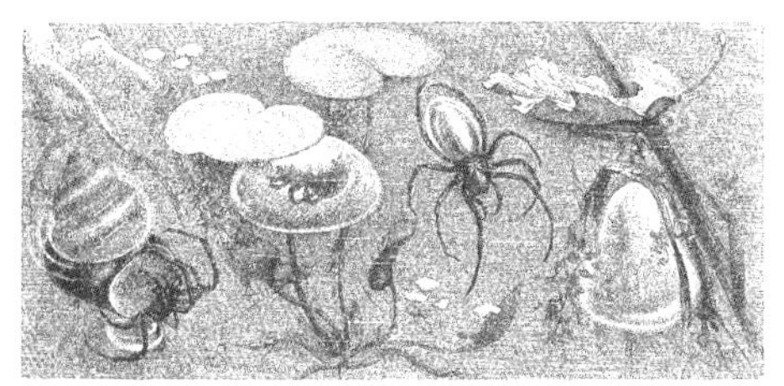

차례

2장_생활 속 거미 관찰

왕거미과

깡충거미과

게거미과

지구의 또 다른 주인

거미

거미 연구

왜 거미라고 불리나요?

거미의 어원은 15세기 중세 국어의 어형 '거믜'로 '검다'는 뜻입니다. 형용사 어근 '검'에 명사형 접미사 '-의'가 붙어 파생명사인 '거믜'가 되었다가 현재의 거미로 불리게 되었습니다.

고문서인 『동한역어東韓譯語』에 따르면 거미를 '제거할 거去에 어미 모母 자를 써서 거모去母'라고도 하는데, 이는 새끼 거미가 어미를 해친다는 뜻으로 쓰인 것입니다. 하지만 실제로는 새끼 거미가 어미 거미를 해치는 것이 아니라 굶주린 새끼들을 위해 어미 거미가 자신의 몸을 희생하는 것입니다. 이는 거미의 세계에서 종종 있는 일입니다.

그 대표적인 예가 바로 애어리염낭거미입니다. 애어리염낭거미는 벼과 식물의 잎을 말아 거미그물로 앞과 뒤를 막고 그 안에서 알을 낳는데, 어미는 알에서 깨어난 새끼들의 부족한 영양분을 보충해주기 위해 자신의 몸을 희생합니다.

『동언방략東言放略』에서는 거미가 나무에서 살기 때문에 거할 거居에 나무목木 자를 써서 거목居木이라고도 합니다. 한편 일본에서는 거미를 구모ク モ라고 부르는데, 우리나라의 거무, 거메, 거모, 거므 등과 비슷하며, 중국에서는 거미 지蜘 기미 주蛛자를 써서 시수蜘蛛라고 합니다.

각 지역의 거미 방언

거무(거:무)

- 경북(영주, 안동, 봉화, 울진, 양양, 포항, 경주, 대구, 의성, 문경, 상주, 김천, 왜관, 군위, 선산 등)
- 경남(밀양, 울산, 부산, 김해, 마산, 거창, 산청, 진주, 충무, 거제, 고령, 함안, 진양, 창원 등)
- 충북(영동, 옥천, 충주, 제천, 음성 등) ·충남(대천)
- 강원(영월, 정선, 횡성, 춘천 등)
- 전북(군산, 정읍, 순창, 진안, 진도 등)
- 전남(화순, 보성, 영광, 함평, 해남, 진도, 담양, 완도, 영암, 순천 등)
- 평남(전 지역: 대동, 진남포, 강동 제외)
- 평북(전 지역), 함남(고원, 영흥), 함북(명천)

거미

- 경북(봉화, 안동, 울진, 영양, 포항, 경주, 영천, 대구, 성주, 김천 등)
- 경남(남해, 진주, 사천, 함양, 산청, 울주)
- 충북(청주, 괴산, 보은, 단양, 영동, 옥천, 음성, 충주, 제천)
- 충남(부여, 논산, 서천, 청양, 홍성, 서산, 당진, 대전 등)
- 전남(무주, 전주, 이리, 부안, 임실, 구례, 곡성, 여수, 진안, 장계)
- 제주(전 지역) ·평남(대동, 진남포)
- 함남(정평, 북청, 단청, 홍원)
- 함북(성진, 길주, 나남, 청천, 부령, 무산, 회령, 종성, 경흥 등)

거메 평남(강동, 성천), **거므** 경북(군위), **거믜** 함북(경원), **거모** 전남(진도), **검** 전남(나주)

기미 룩진(동해안 방언)

어원이 '검다'인 다른 동물들

- 까마귀: 15세기 가마괴가 가마귀〉까마귀로 변했는데, 까마귀는 '감다+괴'로 감다는 '검은', −괴는 '고이'의 준말로 새를 뜻하는 것이니 '검은 새'를 뜻합니다.
- 곰: '검다'라는 말에서 유래된 것으로, 용비어천가(세종)에 '고마'로 표기된 것이 17세기 이후에 '곰'으로 변했습니다. 고대에는 거마, 가마, 구무, 구마, 고모, 고마 등으로 썼던 것으로 보여 곰을 쿠마(くま)라고 하는 일본과 어원이 비슷함을 알 수 있습니다.

조상은 누구인가요?

진화학자들은 화석을 통해 거미가 현재의 인류보다도 훨씬 이전인 4억 년 전에 지구상에 존재했을 것이라고 주장합니다. 거미의 먼 조상은 현재 멸종된 해양 절지동물인 삼엽충 또는 투구게와 같은 동물로 곤충과 조상이 같을 것으로 추정하고 있습니다. 다양한 추정 중 신뢰도가 높은 것은 거미류의 조상은 모두 수중생활을 했다는 주장으로, 경기도 연천지역에 서식하는 물거미의 조상 역시 물속 생활을 하다가 육상으로 진출했으나 육상생활에 적응하지 못하고 다시 물속으로 역진화한 것이라고 합니다.

우리나라에서는 최근 경남 사천 진주층 지층에서 1억 년 전 중생대 거미화석을 찾았으며, 늑대거미의 진화를 밝히는 데 중요한 역할을 할 것으로 기대하고 있습니다

역진화(逆進化)란 무엇인가

생물은 주변환경에 적응하기 위한 변화 즉, 진화를 하는데, 이와 반대로 뒤로 가는 진화를 역진화라고 합니다. 물에서 살던 물거미 원시조상이 지상에 정착했다가 다시 수중생활로 되돌아간 것이 역진화의 대표적인 사례입니다.

분류학상 어떤 위치에 속하나요?

거미는 절지동물節肢動物로 마디 절節, 다리 지肢 즉, '마디가 많은 다리를 가진 동물'입니다. 절지동물은 크게 거미강, 곤충강, 갑각강, 다지강 등으로 나눌 수 있습니다. 거미강은 다시 11목으로 구분되는데, 우리나라에 서식하는 거미강은 거미목, 응애목, 전갈목, 앉은뱅이목, 통거미목 등이 대표적입니다.

예) 무당거미(*Nephila clavata*, Koch, 1878)

동물**계**–절지동물**문**┬ 거미**강** ┬ 거미**목** – 무당거미**과** – 무당거미**속** – 무당(갈)거미(**종명**)
　　　　　　　　　　　├ 응애목
　　　　　　　　　　　├ 전갈목
　　　　　　　　　　　├ 앉은뱅이목
　　　　　　　　　　　└ 통거미목
　　　　　　　├ 곤충강
　　　　　　　├ 갑각강
　　　　　　　└ 다지강

통거미는 어떤 동물인가요?

통거미는 통거미목에 속하는 절지동물로 전 세계적으로는 7,000여 종이 있고, 우리나라에는 5과 18종이 기록되어 있습니다. 통거미들은 주로 숲속의 바위나 나무기둥 등에서 발견되며, 마치 장님이 지팡이를 이용해 길을 찾아가듯 긴 다리 8개로 움직이기 때문에 '장님거미'라는 별명이 붙었습니다. 사람들은 대부분 통거미를 거미목에 속하는 일반 거미와 혼동되지만 분류계급상 서로 다른 목에 속합니다.

　통거미는 몸의 크기가 5~10밀리미터이며, 다리 길이는 최고 160밀리미터에 이르는 것도 있고, 머리가슴과 배 사이의 뚜렷한 경계가 없습니다. 몸 앞쪽에 작고 얇은 독이빨이 있으며, 더듬이다리는 작고 다리와 비슷하게 생겼습니다. 습기가 많은 산림지역이나 동굴 속에서 서식하고, 대부분이 야행성이이지만 더러 주행성도 있습니다.

　통거미는 거미들과 달리 거미줄이 나오는 실젖이 없어 거미줄을 뽑을 수 없습니다. 거미들이 갖고 있는 독샘(Poison gland)이 없는 대신 악취를 생산하는 기관(Gland)이 있고, 살아있는 동물만 잡아먹는 거미와 달리 동물의 사체와 버섯류 등 다양한 먹이를 먹는 잡식성 동물입니다.

　거미의 몸은 머리가슴과 배 두 부분으로 나누어지나 통거미는 머리 · 가슴 · 배가 통으로 붙어 있습니다. 영어로는 house spider, granddaddy long-legs spider, daddy long-legs spider, cellar spider, vibrating spider 등으로 불립니다.

어떻게 번성했을까요?

지구상의 모든 동식물 중 가장 많은 종수를 차지하는 무리는 절지동물로 전체 생물 종의 63%나 되고, 동물 중에서는 82% 정도를 차지한다고 합니다. 그 중에서도 가장 많은 종수를 차지하는 것이 바로 곤충입니다. 곤충의 원시조상은 6억 년 전쯤 지구상에 출현한 것으로 알려져 있는데, 멸종된 맘모스나 공룡 등 대형 및 육식성 동물이 지배했던 시대를 거쳐 지금까지 생존하고 있습니다. 절지동물에 속하는 곤충이나 거미가 환경에 잘 적응해 지금까지 살아남은 비결은 다음과 같습니다.

첫째, 곤충의 피부는 키틴Chitin이라는 딱딱한 성분이 많은 외골격으로 되어 있습니다. 사람은 피부 안에 뼈가 있지만, 곤충들은 반대로 단단한 뼈경화된 피부가 밖을 감싸고 있어 몸속의 기관을 보호하고 외부로 수분이 증발되는 것을 막아 수분을 적절히 유지할 수 있습니다. 거미는 곤충처럼 피부가 딱딱하지는 않지만 경화된 거미의 표피 역시 키틴질을 포함하고 있습니다.

둘째, 곤충은 날개가 있습니다. 그래서 천적으로부터 위협을 느끼면 재빠르게 숨거나 도망치는 데 유리합니다. 거미는 날개는 없지만, 거미줄로 거미그물을 만들어 천적들로부터 자신의 몸을 보호하는 방법으로 진화를 거듭해 왔습니다. 또한 새끼일 때는 거미줄을 이용해 분산태어난 장소에서 이동해 흩어짐을 함으로써 먹이 경쟁을 효과적으로 피할 수 있습니다.

셋째, 곤충과 거미는 다른 동물에 비해 크기가 작습니다. 몸의 크기가 클수록 먹이가 많이 필요하고, 천적들에게 쉽게 노출되어 공격 목표가 될 수 있습니다. 곤충과 거미는 무척 오래 전에 출현했는데도 크기가 작아 지금까지 생존할 수 있었던 것입니다.

넷째, 지구 환경에 잘 적응하고, 다양한 먹이를 먹을 수 있습니다. 빙하기 같은 아주 열악한 환경도 견뎠고, 지구의 거의 모든 지역에서 다양하게 진화해 왔으며, 다른 종과의 경쟁을 피하거나 멸종을 막기 위해 각기 다른 먹이를 먹으며 살아왔습니다. 거미는 왕성한 소화효소를 지니고 있어 작은 개미, 지네, 그리마, 지렁이 등 먹이를 가리지 않고 먹을 수 있습니다.

이와 같이 곤충과 거미는 다양한 생존전략을 발휘하며 자연계에서 종 다양성이 가장 높은 무리로 번성했습니다.

곤충과 어떻게 다른가요?

거미가 곤충에 속한다고 생각하는 사람이 간혹 있는데, 거미는 곤충이 아닙니다. 그렇다면 거미는 곤충과 어떻게 다를까요?

우선 몸의 구조부터 다릅니다. 거미의 몸은 머리와 가슴이 합쳐져 머리가슴부와 배부 두 부분으로 나뉘고, 머리가슴부에는 다리 8개[4쌍]와 홑눈 8개[또는 6]가 있으며, 배부에는 거미실을 만들어내는 실샘과 실젖이 있습니다. 또한 날개가 없으며, 알에서 깨어난 새끼 거미가 점점 성장해 허물벗기를 하는 알–아성체–성체 과정으로 성장합니다.

반면 곤충의 몸은 머리, 가슴, 배 세 부분으로 나뉘고, 다리는 6개[3쌍], 날개는 2쌍[1쌍 또는 없는 것도 있음] 있으며, 더듬이 1쌍, 홑눈 3개가 있습

니다. 거미와 달리 실젖이 없으며, 대부분 알-애벌레-번데기-어른
벌레, 또는 알-애벌레-어른벌레로 탈바꿈하며 자랍니다.

우리나라의 대표적 절지동물

구분	곤충강	거미강	갑각강	다지강
종류	나비, 잠자리, 딱정벌레 등	거미, 전갈, 응애, 앉은뱅이 등	게, 새우, 가재 등	노래기, 지네, 그리마 등
몸의 구분	머리, 가슴, 배	머리가슴, 배	머리가슴, 배	머리, 몸
다리의 수	6개	8개	10개	노래기(13~100쌍) 지네(5~170쌍) 등 종에 따라 다름
더듬이	2개	없음(더듬이다리)	4개	2개

곤충과 거미의 차이점

구분	곤충	거미	비고
어원	昆(무리 곤)+蟲(벌레 충) = 무리가 많은 벌레, 즉 종의 무리가 많은 벌레를 의미하는 한자어	순 우리말로 형용사 어근 '검' + 명사형 접미사 '-의'= 파생 명사 '거믜'	
종수	14,000여 종(국내)	726여 종(국내)	
몸구분	머리, 가슴, 배 3부분	머리가슴, 배 2부분	거미는 머리와 가슴이 붙어 있음
더듬이	1쌍	없음(더듬이다리)	과거 더듬이다리가 교미기로 변형
다리	3쌍(6개)	4쌍(8개)	
날개	있음(날개가 퇴화한 무리도 있음)	없음	
실젖	없음(나비목은 애벌레 때 입으로 실을 낼 수 있음)	3쌍	
탈바꿈	갖춘탈바꿈/무갖춘탈바꿈	허물벗기만 하며 성장	
독샘	배의 끝(말벌, 땅벌, 꿀벌 등)	머리가슴부 위턱 부분의 독이빨	
눈	겹눈, 홑눈(2~3개)	홑눈(0, 1, 2, 4, 6, 8)	

종류를 나누는 기준은 무엇인가요?

우리나라 거미목의 분류체계는 실젖 위치, 위턱의 움직이는 방향, 체판의 유무, 발톱 수 등에 따라 구분할 수 있습니다.

실젖이 항문과 멀리 떨어져 배의 가운데 부위에 있으면 가운데실젖거미아목, 배의 끝인 항문 근처에 가까이 있으면 뒷실젖거미아목으로 나눕니다. 뒷실젖거미아목은 다시 원실젖거미하목과 새실젖거미하목으로 나눕니다. 원실젖거미하목은 독이빨이 상하로 움직이는 경우 등축성Paraxial chelicerae이라 하며, 그 예로 땅거미과를 들 수 있습니다. 독이빨이 좌우로 움직이면 이축성Diaxial chelicerae이라 하며, 새실젖거미하목에 해당됩니다. 땅거미과를 제외한 국내의 모든 거미들이 여기에 해당합니다.

새실젖거미하목은 다시 암컷 생식기관에 체판이 없다면 홀생식기류Haplogynae로 구분하며 실거미과, 가죽거미과, 잔나비거미과, 유령거미과, 공주거미과, 돼지거미과, 알거미과 등이 여기에 속합니다. 암컷 생식기관에 체판이 있다면 겹생식기류Entelegynae라 하며, 이 무리에는 다시 발톱이 2개인 두발톱류Dionycha와 발톱이 3개인 세발톱류Trionycha로 나눕니다. 두발톱류에는 정선거미과, 너구리거미과, 팔공거미과, 밭고랑거미과, 염낭거미과, 미투기거미과, 코리나거미과, 홑거미과, 수리거미과, 오소리거미과, 겹거미과, 농발거미과, 새우게거미과, 게거미과, 깡충거미과 등이 있으며, 세발톱류에는 해방거미과, 주홍거미과, 티끌거미과, 응달거미과, 굴아기거미과, 꼬마거미과, 무당거미과, 알망거미과, 도토리거미과, 깨알거미과, 접시거미과, 갈거미과, 왕거미과, 가게거미과, 굴뚝거미과, 갯가게거미과, 외

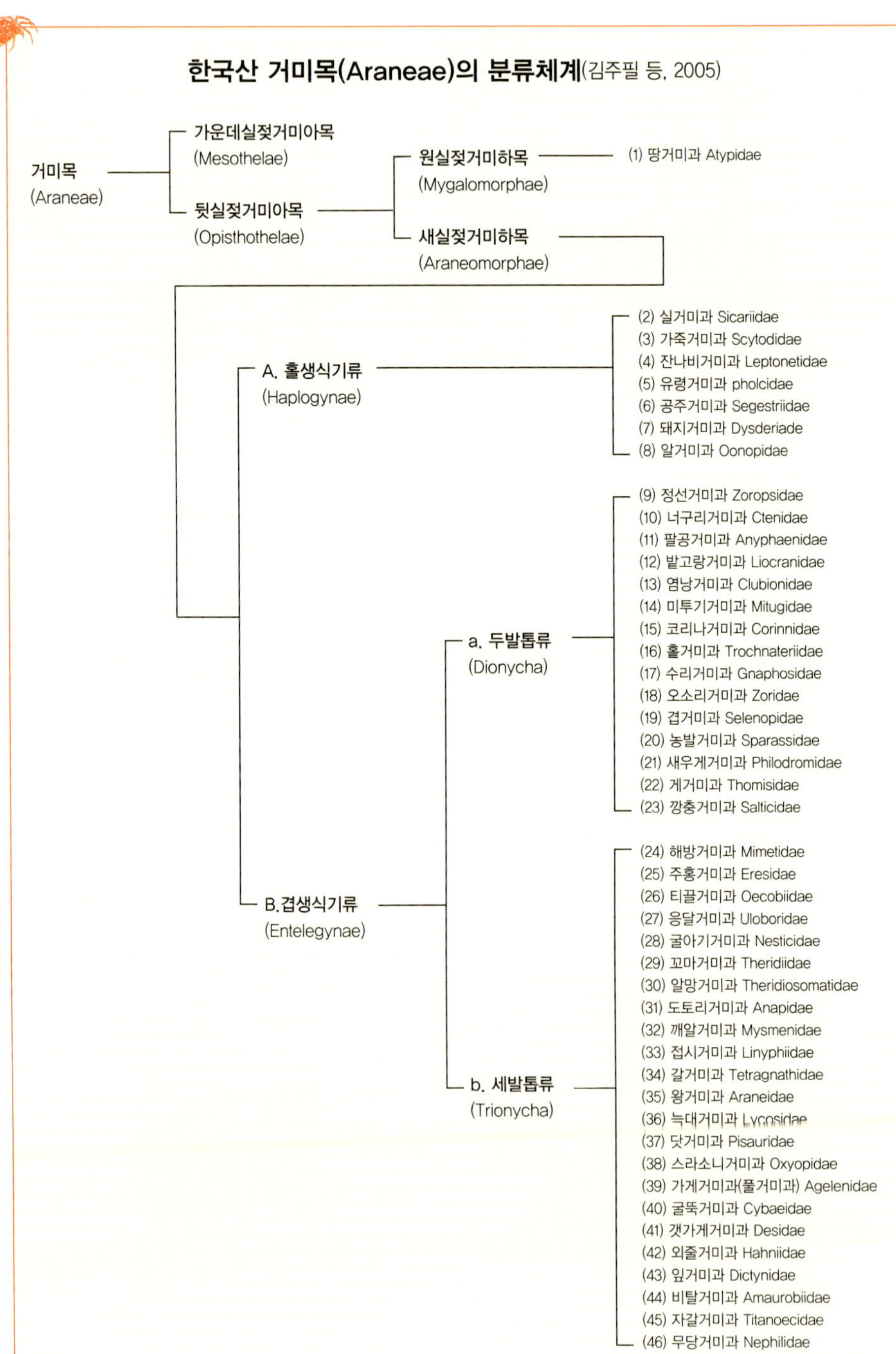

한국산 거미목(Araneae)의 분류체계(김주필 등, 2005)

거미목
(Araneae)

가운데실젖거미아목
(Mesothelae)

뒷실젖거미아목
(Opisthothelae)

원실젖거미하목
(Mygalomorphae)

(1) 땅거미과 Atypidae

새실젖거미하목
(Araneomorphae)

A. 홑생식기류
(Haplogynae)

(2) 실거미과 Sicariidae
(3) 가죽거미과 Scytodidae
(4) 잔나비거미과 Leptonetidae
(5) 유령거미과 pholcidae
(6) 공주거미과 Segestriidae
(7) 돼지거미과 Dysderiade
(8) 알거미과 Oonopidae

a. 두발톱류
(Dionycha)

(9) 정선거미과 Zoropsidae
(10) 너구리거미과 Ctenidae
(11) 팔공거미과 Anyphaenidae
(12) 밭고랑거미과 Liocranidae
(13) 염낭거미과 Clubionidae
(14) 미투기거미과 Mitugidae
(15) 코리나거미과 Corinnidae
(16) 홑거미과 Trochnateriidae
(17) 수리거미과 Gnaphosidae
(18) 오소리거미과 Zoridae
(19) 겹거미과 Selenopidae
(20) 농발거미과 Sparassidae
(21) 새우게거미과 Philodromidae
(22) 게거미과 Thomisidae
(23) 깡충거미과 Salticidae

B.겹생식기류
(Entelegynae)

b. 세발톱류
(Trionycha)

(24) 해방거미과 Mimetidae
(25) 주홍거미과 Eresidae
(26) 티끌거미과 Oecobiidae
(27) 응달거미과 Uloboridae
(28) 굴아기거미과 Nesticidae
(29) 꼬마거미과 Theridiidae
(30) 알망거미과 Theridiosomatidae
(31) 도토리거미과 Anapidae
(32) 깨알거미과 Mysmenidae
(33) 접시거미과 Linyphiidae
(34) 갈거미과 Tetragnathidae
(35) 왕거미과 Araneidae
(36) 늑대거미과 Lycosidae
(37) 닷거미과 Pisauridae
(38) 스라소니거미과 Oxyopidae
(39) 가게거미과(풀거미과) Agelenidae
(40) 굴뚝거미과 Cybaeidae
(41) 갯가게거미과 Desidae
(42) 외줄거미과 Hahniidae
(43) 잎거미과 Dictynidae
(44) 비탈거미과 Amaurobiidae
(45) 자갈거미과 Titanoecidae
(46) 무당거미과 Nephilidae

줄거미과, 잎거미과, 비탈거미과, 자갈거미과 등 정주성 거미들과 늑대거미과, 닷거미과, 스라소니거미과 등 배회성 거미들이 속합니다.

몸을 구분하는 방법은 무엇인가요?

머리가슴부

다리 8개4쌍, 홑눈 4쌍, 3쌍, 2쌍, 1개 등, 그리고 위턱, 아래턱, 아랫입술 및 윗입술로 구성된 입 부분구기이 있습니다. 더듬이다리 2개는 성장한 거미의 수컷과 암컷을 구분하는 데 유용한 특징이기도 합니다. 암컷의 더듬이다리는 일반 다리와 같으나 수컷의 더듬이다리는 발끝마디배엽 및 삽입기 등의 기관이 있어 마치 권투선수가 글러브를 낀 것처럼 볼록하며, 현미경으로 보면 상당히 복잡한 구조입니다. 완전히 성숙한 수컷의 더듬이다리 끝마디인 발끝마디는 잔 모양으로 변형되므로 배엽杯葉, cymbium이라고 합니다.

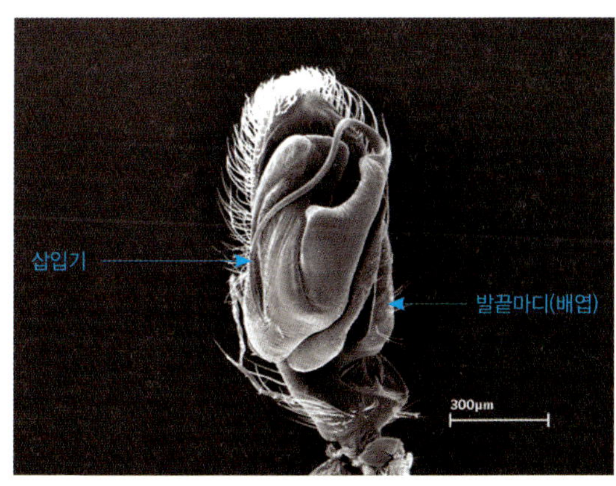

부리염낭거미 수컷의 더듬이다리(발끝마디).

배부

배 부분의 표피는 머리가슴 부분처럼 딱딱하게 경화되지 않고 부드러운 상태입니다. 계란처럼 둥근 모양이며 거미실이 나오는 실젖대개 3쌍과 호흡기관인 책허파, 기관기관숨문, 위나 장 속에서 소화되고 남은 음식물을 배출하는 항문 등이 있습니다. 머리가슴부와 배부를 연결해주는 배자루는 가느다란 허리로 머리가슴부로부터 배로 연결되는 모든 내장이 지나갑니다.

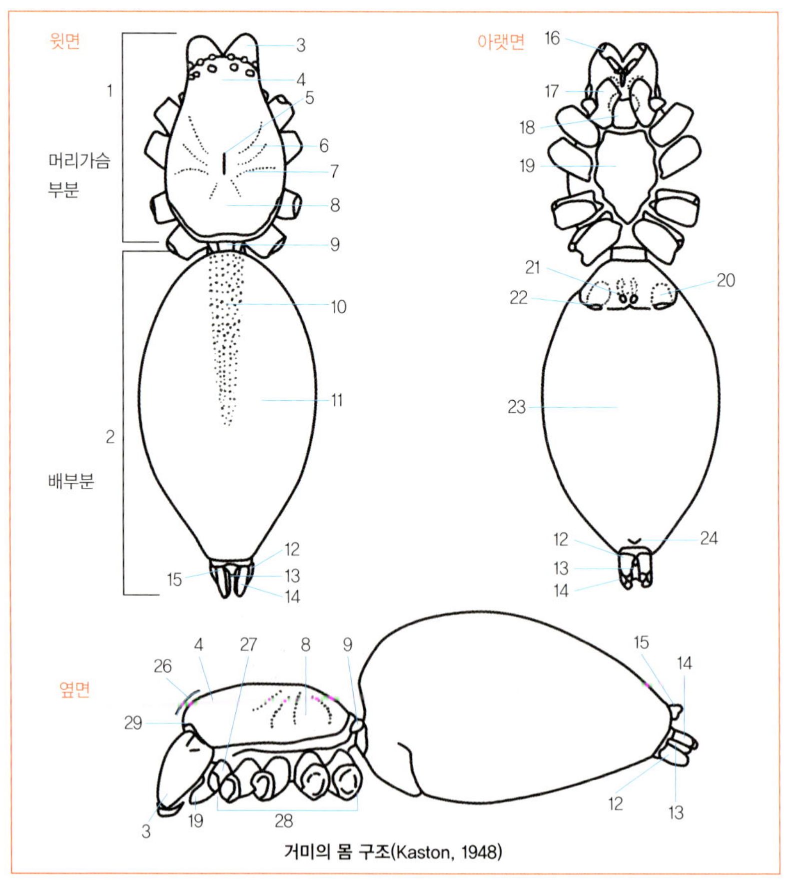

거미의 몸 구조(Kaston, 1948)

1. **머리가슴 부분**: 머리와 가슴 부분이 붙어 합쳐진 곳으로 단단한 키틴판이 머리 위와 아래를 덮는 구조이고 전체적으로 마디 구조가 아닙니다.

2. **배 부분**: 거미의 배 모양은 거의 타원형이며 표피가 부드럽고, 머리가슴 부분처럼 딱딱하게 경화된 판 구조는 아닙니다.

3. **위턱**: 먹이를 물거나 공격하는 데 사용하며, 끝 부분에 날카롭고 뾰족한 독이빨이 있습니다.

4, 29. **이마**: 거미의 눈과 머리가슴을 뒤덮는 배갑 사이를 말합니다.

5. **가운데홈**: 머리가슴 중앙부에 세로 또는 가로, 점선 모양으로 오목하게 들어간 부분으로 잘 보이지 않는 경우도 있습니다.

6. **목홈**: 머리가슴을 뒤덮고 있는 단단한 키틴판을 배갑이라 하는데, 목홈을 경계로 앞쪽은 머리, 뒤쪽은 가슴으로 구분되는 흔적기관 같은 얕은 홈을 말합니다.

7. **방사홈**: 목홈 다음에 방사상으로 뻗어 있는 홈 2~3쌍으로 표피와 내부 근육이 부착되어 있습니다.

8. **가슴 부분**: 머리가슴을 뒤덮는 배갑의 끝 부분을 말합니다.

9. **배자루**: 머리가슴부와 배 부분을 연결해주는 기관입니다.

10. **염통무늬 구역**: 배의 위쪽 면을 덮는 나뭇잎 모양의 무늬를 말합니다.

11. **배 윗면**: 배의 위쪽을 말합니다.

12. **앞실젖**: 배 아래쪽 끝의 거미줄을 내는 방적기관 중 맨 앞에 있는 기관으로, 종에 따라 실젖의 모양이 다릅니다.

13. **가운데실젖**: 배 아래쪽 끝의 거미줄을 내는 방적기관 중 가운데에 있습니다.

14. **뒷실젖**: 배 아래쪽 끝의 거미줄을 내는 방적기관 중 맨 뒤에 있는 기관입니다.

15. **항문두덩**: 배의 끝 거미줄을 내는 방적기관 위쪽에 있는 배설기관입니다.

16. **독이빨(엄니)**: 위턱 끝 부분에 날카롭고 뾰족한 독이빨이 있으며, 그 끝에 독샘이 나오는 구멍이 있습니다.

17. **아래턱**: 더듬이다리의 일부가 넓적하게 되어 입을 구성하는 기관으로, 아래턱 앞 안쪽에는 털 다발이나 작은 톱니들이 있습니다.

18. **아랫입술**: 위턱, 아래턱, 윗입술과 함께 입(구기)을 구성하는 기관으로 생김새, 길이나 너비의 비율 등이 분류상의 특징이 되기도 합니다.

19. **가슴판**: 머리가슴 부분은 단단한 키틴판 1쌍으로 덮여 있는데, 등 쪽에 덮여 있는 것은 배갑(Carapace)이라 하고, 아래쪽 것은 가슴판(Sternum)이라 합니다.

20. **책허파 덮개판**: 호흡기관인 책허파의 바깥쪽에 위치하는 판 구조입니다.

21. **암 외부생식기**: 겉으로 보이는 암컷의 외부 생식기를 말합니다.

22. **책허파(숨문)**: 거미의 호흡기관 중 하나로 주름 모양 구조입니다.

23. **배 아랫면**: 배 부분의 아랫면을 말합니다.

24. **기관(숨문)**: 거미의 또 다른 호흡기관으로 배 뒤쪽에 위치합니다.

26. **눈구역**: 눈들이 차지하는 위치(구역)를 눈구역이라 합니다.

27. **더듬이다리의 도래마디**: 거미의 더듬이다리는 5개 마디로 이루어져 있는데, 몸통에서부터 두 번째 마디에 해당합니다.

28. **밑마디**: 거미의 다리 7개 마디 중 몸통에서부터 첫 번째 마디를 밑마디라고 합니다.

소화, 배설 및 호흡기관은 어떤 기능을 하나요?

소화기관

거미의 입에서 항문까지 이어지는 하나의 관 형태로 거미가 입을 통
해 먹이를 먹으면 앞창자^{구강-목구멍-식도-흡위}, 가운데 창자, 뒤 창자를 거

처 소화되고 남은 음식물은 항문으로 배출합니다.

거미는 사람처럼 음식물을 씹어 먹는 것이 아니라 반드시 예비소화를 거처 먹이를 액체 상태로 만들어 빨아 먹습니다. 앞 창자의 구강은 윗입술과 아랫입술이 맞붙어 있으며, 이곳에 수많은 털이 있어 고체 상태의 먹이가 들어가는 것을 방지해 줍니다. 또한 앞 창자의 흡위에는 강력한 근육이 부착되어 펌프작용을 하듯 액체 상태의 먹이를 강하게 빨아들입니다.

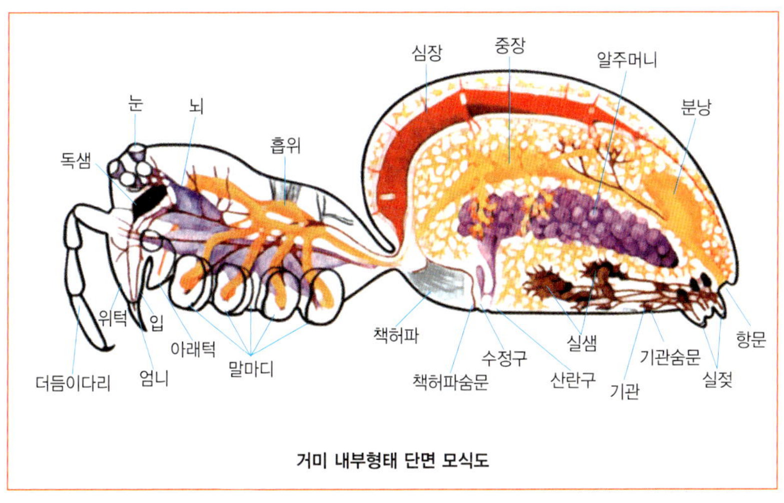

거미 내부형태 단면 모식도

배설기관

물이나 염분과 같은 노폐물의 배출은 가운데 창자와 뒤 창자 사이에 있는 말피기관과 머리가슴부 속 가슴판 양 옆에 위치한 밑마디샘에서 이루어집니다. 거미가 먹은 음식물은 소화기관을 통해 소화되지만 소화되지 않은 찌꺼기는 배 안의 분낭에 저장되었다가 항문을 통해 몸 밖으로 배출됩니다.

호흡기관

살아있는 생명체는 모두 그렇듯 거미 역시 호흡을 해야 하는데, 호흡을 통해 생기는 이산화탄소, 암모니아요소 등을 배출하는 기관이 책허파 숨문과 기관 숨문입니다. 책허파와 통하는 책허파 숨문은 배 아래쪽 배자루에 가깝고, 기관으로 통하는 기관 숨문은 배 아래쪽에 위치하지만 실젖에 더 가깝습니다.

책허파 숨문은 책허파 기문 앞쪽에 책허파 덮개판이 뚜렷하게 보여 기관 숨문과 구별됩니다. 수는 책허파 숨문이 0, 2, 4개, 기관 숨문은 0, 1, 2, 3개로 과에 따라 다릅니다.

책허파 숨문과 기관 숨문의 수

책허파 숨문	기관 숨문	과 명
0	3개	도토리거미과
2개(1쌍)	1개	왕거미과, 늑대거미과, 깡충거미과, 게거미과, 염낭거미과 등
2개(1쌍)	2개(1쌍)	돼지거미과, 알거미과
4개(2쌍)	0	땅거미과, 너구리거미과

감각기관이 있나요?

감각기관이란 동물이 몸 안으로부터 밖에 이르기까지 자극을 받아들이는 기관으로, 감각은 신경을 통해 대뇌에 전달되어 인식하게 됩니다. 사람의 경우 눈, 코, 귀, 입, 피부 등 다섯 가지의 감각기관이 있습니다.

시각

곤충의 눈은 대부분 홑눈과 겹눈으로 구성되어 있는 반면 거미는 홑눈만 있습니다. 대부분의 거미는 빛의 어둡고 밝은 정도만 구분하며, 늑대거미과는 물체의 형태를 어느 정도 알아볼 수 있고, 깡충거미과는 종에 따라 일부 색깔을 희미하게나마 구분할 수 있다고 주장하는 학자들도 있습니다. 거미의 홑눈은 종에 따라 그 수가 0, 2, 3, 4 ,6, 8개지만, 우리 주변에서 흔히 볼 수 있는 거미의 눈은 대부분 8개입니다.

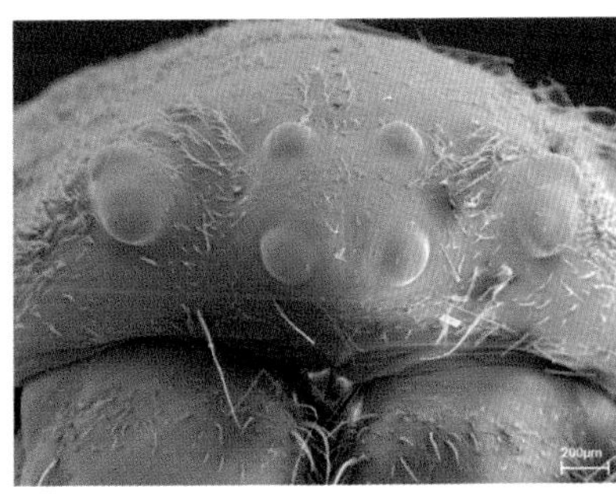

무당거미의 홑눈.

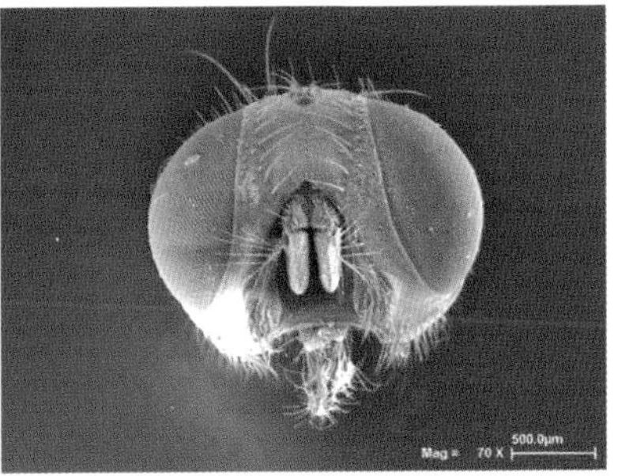

집파리의 겹눈.

청각

사람은 귀를 통해 소리를 듣는데, 소리의 파동을 뇌가 인식할 수 있는 신호로 바꾸어주는 기관 즉, 귀에서 진동판 역할을 해주는 것이 바로 고막입니다. 고막의 흔들림에 의해 만들어지는 전기 신호가 청신경을 통해 대뇌로 들어가 소리를 인식하게 됩니다.

여치나 메뚜기, 매미 등은 배에, 귀뚜라미는 다리에 귀가 있어 소리를 들을 수 있으나, 곤충 대부분은 더듬이나 몸 표면에 있는 털로 소리를 감지합니다. 거미의 청각기는 주로 다리에 분포하는 귀털과 줄마찰 기관으로 알려져 있습니다. 귀털은 다리털 중에서 다리와 거의 수직으로 돋아난 털로 다른 털 종류가시털, 센털 등에 비해 길고 부드럽습니다. 귀털은 청각 이외에 거미그물 위에서 주변의 공기흐름을 파악하고, 거미의 방향감각과 근육의 긴장을 유지하는 기능도 합니다. 줄마찰 기관은 다리 부위의 미약한 털 사이에 군데군데 나 있는 가시털과 몸의 돌출된 융기물을 비벼서 소리를 내는 기관입니다.

거미의 감각기관인 금형기관틈감각기관이라고도 함은 몸 전체에 분포하지만 특히 머리가슴부의 밑면인 가슴판과 위턱, 그리고 다리의 마디와 마디 사이에 넓게 분포합니다. 청각기 및 후각기의 역할을 하고, 거미가 이동할 때는 근육운동을 조절하는 것으로도 알려져 있습니다.

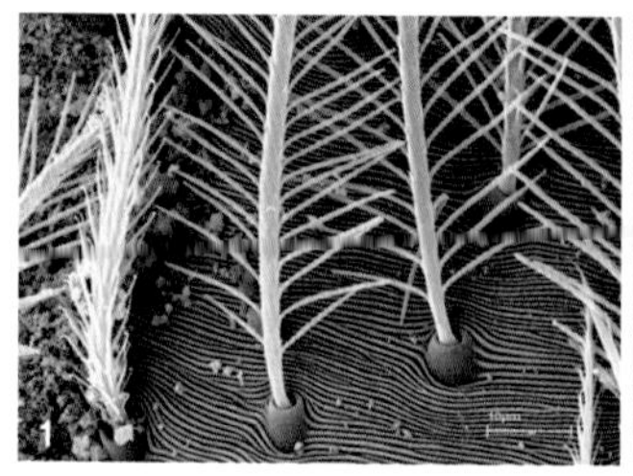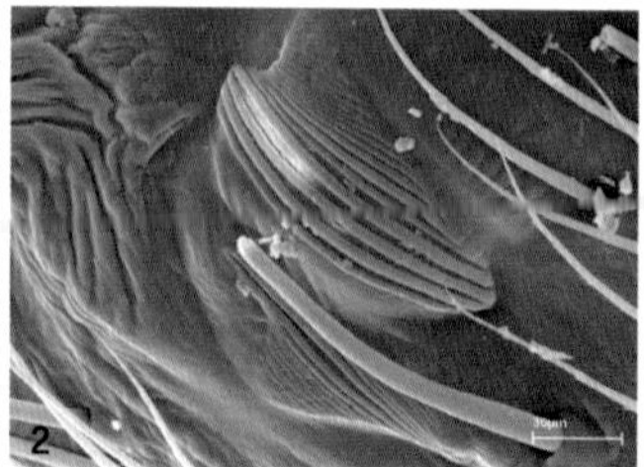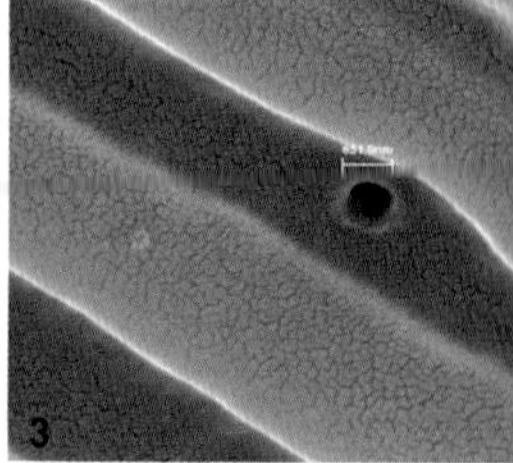

1 늑대거미과 거미의 털. 2 무당거미의 금형기관. 3 확대한 무당거미의 금형기관.

다리의 구성

거미의 다리는 밑마디, 도래마디, 넓적다리마디, 무릎마디, 종아리마디, 발바닥마디, 발끝마디 등 7개 마디로 구성되는 반면, 더듬이다리는 밑마디(밑마디 일부는 아래턱을 구성함), 도래마디, 넓적다리마디, 무릎마디, 종아리마디, 발끝마디 6개 마디로 구성되며, 다리에는 발바닥마디가 없습니다.

구분	첫째마디	둘째마디	셋째마디	넷째마디	다섯째마디	여섯째마디	일곱째마디
다리	밑마디	도래마디	넓적다리마디	무릎마디	종아리마디	발바닥마디	발끝마디
더듬이다리	밑마디 (아래턱을 구성함)	도래마디	넓적다리마디	무릎마디	종아리마디	–	발끝마디

암컷의 더듬이다리는 6개 마디로 구성되며 일반 다리 모양과 같으나 종에 따라 발끝마디 끝에 발톱이 없거나 1개가 있습니다. 반면 수컷은 어릴 때는 암컷의 다리 모양과 같지만, 점점 자라면서 발끝마디가 글러브를 낀 주먹처럼 커지고 마지막 탈피가 끝나면 복잡한 교미기인 더듬이다리 기관이 만들어집니다. 더듬이다리 기관은 각 종마다 매우 복잡하고 다양해 거미의 종을 구별하는 데 가장 중요한 형태적 특징으로 참고합니다.

별늑대거미 수컷 생식기.

별늑대거미 암컷 외부 생식기.

미각과 후각

우리 몸에는 빛이나 소리처럼 형태가 없는 물리적 자극을 감지하는 눈과 귀 외에도 화학물질을 감지하는 기관인 코와 혀가 있어 냄새를 맡거나 맛을 느낄 수 있습니다. 콧속의 후각 상피에는 후세포가 있고, 혀 표면 미뢰에는 미세포 등 감각세포가 있어서 화학물질에 대한 정보를 전기신호로 바꾸어 대뇌에 전달하는 것입니다.

거미는 사람처럼 맛과 냄새를 맡는 혀와 코가 없지만 다리의 마지막 끝 발끝마디에 있는 기관을 통해 맛과 냄새를 느낄 수 있습니다. 발끝마디 기관은 일종의 화학 감각기관으로 거미가 물을 발견하거나 액체 상태 표면을 걸을 때 그 액체가 먹을 수 있는 것인지 아닌지를 감지합니다. 또한 발끝마디 기관은 냄새를 맡는 역할도 해 성숙한 암컷 거미는 화학물질의 하나인 성페로몬을 분비해 수컷을 유인, 짝짓기를 합니다.

누에나방의 페로몬
나비목 곤충인 암컷 누에나방은 호르몬의 일종인 성페로몬을 분비해 수컷을 유혹해 짝짓기를 시도하는데, 누에나방 수컷은 더듬이를 통해 10㎞ 멀리 떨어져 있는 암컷의 냄새를 맡을 정도로 후각기관이 예민합니다.

촉각

사람의 피부는 촉각, 압각, 통각, 냉각, 온각을 감지하는 여러 개의 감각점들이 분포해 있는데, 특히 아픔을 감지하는 통점의 밀도가 높아 가장 예민하게 반응합니다. 거미들의 촉각은 몸 전체에 나 있는

털과 가시털에 집중적으로 분포되어 있으며, 땅 위나 물 위 및 거미
그물 내에서도 공기의 흐름이나 진동에 매우 민감합니다.

날 수 있나요?

사람들 대부분은 거미는 날개가 없기 때문에 날지 못할 것이라 생각
합니다. 사실 공중에 줄을 쳐 거미그물을 만들어 생활하는 정주성 거
미들은 거미줄이 없으면 거의 이동이 불가능합니다. 나무 기둥이나
나뭇가지를 타고 짧은 거리는 이동할 수 있어도 공중을 날아다닐 수
는 없습니다. 땅에서 주로 생활하는 늑대거미나 깡충거미 역시 빠르
게 걷거나 짧은 거리를 도약하기에 적당한 짧고 강건한 다리가 있지
만 공중을 날 수는 없습니다.

그러나 새끼들의 경우는 다릅니다. 무당거미의 새끼들은 날개 없
이도 공중으로 날아오를 수 있는데, 바로 거미줄과 바람을 이용하는
것입니다. 알에서 갓 깨어난 무당거미 새끼들은 보다 멀리 분산하기
위해 가능한 높은 나뭇가지나 건물 위로 올라갑니다. 어느 정도 높은
곳에 오르면 실이 나오는 실젖을 바람이 부는 반대 방향으로 치켜들
고 있다가 적당한 바람이 불어오면 거미줄 한 가닥 또는 여러 가닥을
공중으로 분사해 바람을 타고 날아오릅니다. 이를 유사비행Ballooning
이라고 합니다.

새끼 거미들이 가능한 멀리 분산하려는 이유는 동료들과의 먹이
경쟁을 피하기 위해서입니다. 유사비행을 하는 거미의 종류는 땅속
에 사는 땅거미과, 공중에 거미그물을 치고 사는 정주성 거미인 응달

거미과, 꼬마거미과, 접시거미과, 갈거미과, 왕거미과 등이며, 주로 지면에서 배회하는 배회성 거미는 늑대거미과, 깡충거미과, 닷거미과, 수리거미과 등입니다.

거미줄을 분사해 부력을 받아 공중으로 떠오른 거미는 바람의 세기에 따라 가까이 날거나 상승 기류를 만나면 수 킬로미터에서 수백 킬로미터까지 날아갈 수 있습니다. 외국 거미학자의 조사보고서에 따르면 고도 약 3,000미터에서 새끼 거미를 채집한 바 있습니다.

발톱이 있나요?

거미의 다리는 7개 마디로 구성되었는데, 발톱은 다리의 맨 마지막 마디인 발끝마디에 있습니다. 발톱 수는 거미그물을 치는 정주성 거미들은 3개, 그물을 치지 않는 배회성 거미들은 보통 2개입니다. 정주성 거

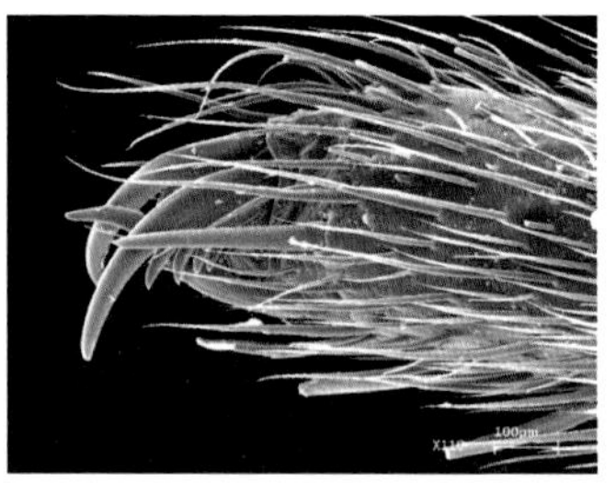

산왕거미의 발톱.

미들이 자신의 거미그물에 걸리지 않는 이유는 점액성 끈끈이가 없는 세로줄을 발톱 3개로 잡고 걷기 때문입니다. 혹 다리 한 개가 점액성 끈끈이를 밟았더라도 나머지 7개 다리에 힘을 주고 빠져나올 수 있습니다.

탈바꿈(변태)을 하나요?

탈바꿈Metamorphosis, 변태이란? 한자로는 변할 변(變) + 모양 태(態), 즉

곤충의 경우와 같이 알-애벌레-번데기-성충 단계로 각각의 모양이 확연하게 변하는 것을 말합니다. 이와 같이 4단계를 거쳐 탈바꿈하는 곤충을 갖춘탈바꿈완전변태 곤충이라 하며, 장수풍뎅이, 넓적사슴벌레와 같은 딱정벌레목과 나비목, 벌목, 파리목 곤충들이 여기에 속합니다. 반면 잠자리목, 메뚜기목, 바퀴목, 노린재목 등은 알-애벌레-성충으로 탈바꿈하며, 이처럼 번데기 단계를 거치지 않는 것을 못갖춘탈바꿈불완전변태이라고 합니다.

거미는 알에서 깨어난 작은 새끼가 탈바꿈하지 않고 몸의 생김새를 유지한 채 크기만 성장합니다무변태. 거미는 종에 따라 허물벗기 횟수가 다른데 몸집이 작은 수컷보다는 큰 암컷이, 몸의 크기가 작은 종보다는 큰 종이 허물벗기 횟수가 많고, 적게는 1~2회에서 많게는 10회 내외인 것으로 알려져 있습니다.

허물벗기 순서는 머리가슴 쪽의 키틴판이 금이 가 벗겨지기 시작하면서 머리가슴 부분이 나오고, 다시 배가 벗겨지며 더듬이다리가 나옵니다. 마지막으로 긴 다리 8개가 빠져나오면 허물벗기가 끝나는데, 소요 시간은 종과 개체 크기에 따라 다르지만 30~60분이 소요됩니다.

허물벗기를 앞둔 암컷 무당거미는 먹이를 먹지 않고 동작이 느려집니다. 자신의 삼중망 먹이그물 중앙 바퀴통에 안전줄을 매달고 땅쪽으로 조금 내려와 허물벗기 준비를 하고, 허물벗기가 끝나면 표피가 굳을 때까지 거미줄에 거꾸로 매달려 있어야 합니다.

허물벗기 직후 암컷 무당거미는 몸이 유연해지고 색깔도 연해져

일생 중 가장 위험한 시기를 맞게 됩니다. 몸을 자유롭게 움직일 수 없고, 천적들의 공격도 피할 수 없습니다. 거꾸로 매달려 허물벗기를 하는 종들은 옆으로 허물벗기를 하는 종들보다 중력을 이용할 수 있어 허물벗기가 훨씬 더 수월할 것 같습니다.

어디에 사나요?

· 땅속에 사는 거미: 원시적인 거미로 땅속에 구멍을 파고 거기에 대롱 같은 전대 그물을 짓고 삽니다. 예) 고운땅거미, 한국땅거미, 광릉땅거미, 주홍거미, 공주거미 등

· 물속에 사는 거미: 거미류의 공통 조상은 최초 물속 생활을 하다가 차츰 육상으로 상륙해 살았으나, 일부는 적응하지 못하고 다시 물속으로 역진화해 물속에서 삽니다. 예) 물거미

· 땅 위에 사는 거미: 토양의 갈라진 틈, 낙엽층 등과 같은 지표층과 어둡고 습한 동굴 등에 정착해 살고 있습니다. 예) 깡충거미과, 늑대거미과, 꼬마거미과, 밭고랑거미과, 잔나비거미과, 굴아기거미

매달려 탈피 중인 무당거미.

과 등

- 공중에 사는 거미: 넓은 공간에 대형 또는 중소형의 다양한 거미그물을 만들고 먹이를 포획하며 삽니다. 예) 왕거미과, 갈거미과, 꼬마거미과 등

어떤 먹이를 먹나요?

거미는 죽은 동물의 사체는 먹지 않으며 100% 살아있는 것만 잡아먹는 철저한 육식성 동물입니다. 어린 참개구리, 올챙이 등은 물론이고 지렁이, 지네, 청개구리 등도 잡아먹을 수 있습니다. 말꼬마거미, 해방거미, 창거미 등은 다른 종의 거미를 잡아먹는 것으로 알려져 있지만, 모든 거미들이 선호하는 먹이는 크기가 작은 곤충들입니다. 말벌이나 장수말벌과 같은 대형 곤충들은 산왕거미나 무당거미가 쳐놓은 커다란 원형 그물도 뚫고 나올 만큼 강력한 힘을 갖고 있습니다.

　거미들이 먹이를 잡는 방법 중 대표적인 것이 바로 거미그물또는 줄입니다. 거미그물줄을 이용해 먹이를 포획하는 무리를 정주성定住性, 또는 조망성 거미라 하는데, 땅거미과, 실거미과, 가죽거미과, 잔나비거미과, 유령거미과, 공주거미과, 돼지거미과, 알거미과, 정선거미과, 해방거미과, 주홍거미과, 티끌거미과, 응달거미과, 굴아기거미과, 꼬마거미과, 알망거미과, 도토리거미과, 깨알거미과, 접시거미과, 갈거미과, 무당거미과, 왕거미과, 가게거미과풀거미과, 굴뚝거미과, 갯가게거미과, 외줄거미과, 잎거미과, 비탈거미과, 자갈쩌비과 등이 이에 속합니다.

　반면, 거미그물또는 줄을 이용하지 않고 자신의 은신처 주변을 배회하면서 잠복 또는 기습해 먹이를 사냥하는 거미들을 배회성徘徊性 거미라고 하는데, 너구리거미과, 팔공거미과, 밭고랑거미과, 염낭거미과, 미투기거미과, 코리나거미과, 홑거미과, 수리거미과, 오소리거미과, 겹거미과, 농발거미과, 새우게거미과, 게거미과, 깡충거미과, 늑대거미과, 닷거미과, 스라소니거미과 등이 있습니다. 배회성 거미라 해서 거미줄이나 거미그물을 전혀 이용하지 않는 것은 아닙니다.

예비소화란?

사람의 경우 음식물을 먹으면 치아로 분쇄한 뒤 입속에서 분비되는 소화 효소의 작용을 받아 식도를 거처 위에 도달하게 됩니다. 위에서는 위액이 분비되어 소화를 돕고, 음식물은 다시 소장과 대장을 거치게 되는데, 이 과정에서 영양분이 피에 의해 온몸으로 전달되어 에너지로 이용됩니다. 이러한 소화 과정을 거쳐 필요한 영양분 및 수분을 흡수하고 나머지는 최후에 분으로 배출합니다.

곤충의 사체를 거미줄에 늘어놓은 무당(갈)거미.

　거미는 입에서부터 항문까지의 소화계는 사람과 비슷하지만 이가 없기 때문에 음식을 씹거나 잘라 먹지는 못합니다. 따라서 독특한 예비소화 단계를 거치게 됩니다. 거미들은 먹이를 포획하면 바로 먹는 것이 아니라 독이빨에 있는 작은 구멍을 통해 먹잇감에 소화액을 주입하고 어느 정도 기다렸다가, 먹잇감 안에서 예비소화가 이루어지면 사람들이 주스에 빨대를 꽂아 빨아먹듯 입으로 액체 상태의 먹이를 빨아들입니다.

　거미에게 먹힌 먹이는 최종적으로 더 이상 소화될 수 없는 불포화 덩어리 형태로 남는데, 종에 따라 이 불포화 덩어리를 땅에 버리기도 하고, 자신의 몸을 숨기기 위한 거미그물의 엄폐물로 이용하기도 합니다.

배회성 거미들도 높은 곳에서 낮은 곳으로 내려오거나 이동할 때, 알 주머니나 은신처를 만들 때는 거미줄그물을 이용합니다.

어떤 동물이 거미의 천적인가요?

거미를 직접 잡아먹는 천적으로는 개구리, 두꺼비, 도마뱀, 장지뱀, 지네 등이 있으며, 특히 새들은 거미를 가장 많이 잡아먹는 천적입니다. 거미의 알을 먹는 천적으로는 검정알벌과 일종, 뾰족맵시벌 일종, 사마귀붙이과 일종 등이 있습니다. 특히 사마귀붙이과의 사마귀붙이 어미는 풀잠자리 알과 비슷한 모양의 알을 낳으며, 알에서 깨어난 1령 애벌레는 거미 알집을 찾아가 자리를 잡습니다. 팔다리가 없는 2령 애벌레는 과변태_{애벌레 때 몸 형태가 달라지는 경우}해 거미 알의 즙액을 빨아먹고 삽니다. 무당거미 알을 닥치는 대로 먹고 자란 뒤 성충이 되어 날아가 버립니다. 애사마귀붙이의 피해를 입은 무당거미 알집의 알은 거의 다 죽기도 합니다.

무당거미의 알을 먹는 대표적인 천적 사마귀붙이류.

거미줄로 완성한 오목눈이 둥지.

그 외의 천적들로는 대모벌과, 구멍벌과의 곤충들이 있는데 이 무리들은 땅에서 비교적 낮게 비행하며 거미를 습격해 독침으로 마비시킵니다. 그리고 이동에 방해가 되는 거미의 다리를 자른 후 입으로 몸통을 물고 자신의 은신처로 끌고 간 뒤 거미의 몸 안에 알을 낳습니다. 알에서 깨어난 어린 새끼는 신경만 마비된 신선한 거미를 먹으며 자라 성충이 됩니다. 거미의 몸에 기생하는 것들로는 기생벌, 기생파리, 진딧물 등이 있으며, 거미무리 중 해방거미나 말꼬마거미 등은 전문적으로 다른 거미를 잡아먹는 거미사냥꾼이기도 합니다.

한편 동박새, 오목눈이 등은 거미를 먹이로, 거미줄은 둥지를 짓는데 매우 중요한 건축 재료로 이용합니다. 오목눈이는 이끼와 여러 가지 부재료로 둥지를 만드는데, 이끼와 부재료를 엮어주는 접착제 역할을 하는 것이 바로 거미줄입니다. 거미줄로 엮어 만든 새의 둥지는 겉은 말랑말랑하지만 결속력이 강해 깨지지 않으며 가볍고, 쉽게 부서지지 않는 장점이 있습니다.

거미줄로 만든 오목눈이 둥지는 처음에 입구가 작지만 새끼들이 알에서 깨어난 이후에는 거미줄의 탄력성 때문에 입구가 크게 늘어나 많은 새끼들을 돌보거나 먹이를 먹이는 데 매우 편리한 구조입니다. 새끼들이 알에서 깨어났을 때는 입구가 작기 때문에 뱀이나 다른 천적으로부터 보호할 수 있고, 부화 이후에는 입구를 넓혀 새끼들을 잘 보호하는 것입니다.

천적에 대한 거미의 방어 전략은 무엇인가요?

무장하기(무장, 武裝) 가시거미의 경우 단단한 키틴판으로 구성된 배에 뾰족한 가시돌기 6개로 무장하고, 산왕거미는 강력한 위턱으로 자신을 보호합니다. 꼬마거미과 거미들은 먹잇감을 포획하기 위해 여러 겹의 넓은 광목천 같은 싸개막을 만드는데, 이 싸개막 역시 자신을 방어하는 역할을 합니다.

가시거미의 무장.

천적들의 눈 속이기(의장, 擬裝) 거미그물에 이물질이나 먹고 난 불포화 덩어리 등을 걸어 놓아 천적들의 시각에서 벗어나는 은폐술을 쓰는 거미들이 많은데, 가장 대표적인 거미가 바로 먼지거미류입니다. 먼지거미류 중 우리 주변에서 눈에 잘 띄는 종은 여덟혹먼지거미로, 거미그물에 먹고 난 사체나 이물질 등을 붙여 자신의 위치를 천적들이 알지 못하도록 눈속임을 합니다. 종꼬마거미 역시 자신이 기거하는 불규칙 그물에 흙이나 모래, 이물질 등을 붙여 종 모양을 만들고 그 안에

여덟혹먼지거미의 의장.

숨어서 지냅니다.

위장 또는 흉내 내기(의태, 擬態) 거미들은 생김새나 행동이 다른 동식물과 비슷해 얼른 눈에 띄지 않는 장점을 이용해 천적을 속이기도 합니다. 꼬마거미과의 꼬리거미는 배가 유난히 길며 주로 침엽수림에 거미줄을 1~2개 쳐놓고 솔잎처럼 매달려 천적들을 속입니다. 개미거미는 외형뿐 아니라 행동

개미를 닮은 불개미거미.

까지도 개미를 많이 닮았는데, 개미와 같이 지그재그로 움직인다거나 개미 더듬이의 움직임을 흉내내기도 합니다.

신체의 일부 자르기(자절, 自切) 도마뱀들은 위험한 상황에 처하면 꼬리를 자르고 도망가는데, 거미 역시 다급하면 다리를 자르고 도망갑니다. 다리를 구성하는 7개 마디 중 도래마디를 주로 자르는데, 절단된 다리는 다시 재생되지만 기존 다리보다는 작고 연약해 보입니다. 그러나 다리가 항상 재생되는 것은 아닙니다. 모든 허물벗기가 끝

다리가 6개뿐인 긴호랑거미.

나고 성체가 되면 끊긴 다리는 다시 재생되지 않습니다. 무당거미 암컷의 경우 다리 2개만으로도 살아있는 것이 관찰되었지만, 다른 정상적인 개체들과 똑같이 수컷과 짝짓기를 하고 무사히 번식할 수 있을지는 알 수 없습니다.

죽은 체 하기(의사 擬死, 강직 强直, 가사 假死) 천적들로부터 자신을 방어하는 수단 중 가장 단순한 방법이 바로 죽은 체 하는 것입니다. 곤충들과 마찬가지로 왕거미과 거미들은 주변으로부터 위협을 느끼면 낙하실을 내고 땅으로 떨어지는데, 땅에 떨어지면 반사적으로 죽은 체 하다가 위협이 사라지면 다시 낙하실을 타고 본래의 위치로 돌아갑니다.

땅에 떨어진 산왕거미 암컷. 잠시 동안 전혀 움직이지 않는다.

몸 흔들기(진동, 振動) 긴호랑거미, 호랑거미, 무당거미 등은 위협을 느끼면 몸을 좌우 또는 앞뒤로 흔듭니다. 천적의 눈을 피하기도 하고 외부 침입자를 위협하는 수단도 됩니다.

긴호랑거미의 몸 흔들기.

도망가기(도주, 逃走) 위험을 느낄 때 일반적으로 사용하는 수단입니다. 땅 위를 배회하는 늑대거미나 깡충거미들은 위협을 느끼면 바위 틈이나 초원의 풀숲으로 도망가고, 어리별늑대거미는 물속으로 뛰어 들어 수 분 동안 숨어 있기도 합니다.

거미들은 어떤 방법으로 구혼을 하나요?

모든 거미들은 종에 따라 1~10회 허물벗기를 하고, 마지막 허물벗기를 마친 성숙한 수컷들은 암컷이 분비하는 성페로몬에 유인되어 짝짓기를 하지만 구혼 방법은 종에 따라 다릅니다.

눈치 보기형 호랑거미와 무당거미는 먹이그물을 만들어 사냥하는 대표적인 정주성 거미들입니다. 무당거미는 다른 종과 달리 네 가지 형태로 짝짓기를 합니다. 첫 번째는 암컷 무당거미가 자신의 먹이그물에 걸린 먹이를 먹을 때 수컷이 조심스레 접근해 짝짓기하는 방법입니다. 두 번째는 먹이를 충분히 먹고 포만감을 느끼고 있는 암컷에 접근해 암컷의 허락을 받은 뒤 짝짓기 합니다. 세 번째는 암컷보다 먼저 성숙한 수컷이 암컷의 생식기가 완성되는 마지막 허물벗기 때를 기다리다가 암컷이 허물벗기를 마친 바로 그 순간 달려들어 짝짓기하는 방법입니다. 이때 암컷은 다리 8개가 다 빠져나오지 못하고 휴식 또한 갖지 못해 수컷의 구애 행동에 저항할 수 없는 상태입니다. 네 번째는 수컷이 자신의 몸 일부인 다리를 하나 내어주고 암컷이 그 다리를 먹는 순간 짝짓기하는 방법입니다. 세 번째와 네 번째 방법은 글쓴이에 의해 관찰된 내용입니다.

춤추기형 대표적 배회성 거미인 깡충거미, 늑대거미, 스라소니거미 등은 수컷이 암컷 앞에서 구혼 춤을 춥니다. 수컷 깡충거미들은 몸을 지그재그로 움직이거나 앞다리 두 개를 올리거나 내리는 행동으로

암컷을 유혹하는 반면, 수컷 늑대거미들은 더듬이다리를 허공에 빙빙 돌리듯 흔들거나 앞다리를 접었다 폈다 반복하며 구애합니다.

선물 공세형 닷거미류, 서성거미류는 자기가 잡은 먹잇감을 싸개띠로 둘둘 포장해 암컷에게 선물하며, 암컷이 그 먹이를 먹는 순간 짝짓기를 시도합니다.

포박형 게거미류는 암컷의 주위를 맴돌다가 기회를 봐서 조심스레 거미줄을 내어 암컷을 포박하고 암컷의 배 밑으로 들어가 짝짓기를 합니다.

거미들의 짝짓기 방법은 종에 따라 다르지만 수컷 대부분은 자신의 목숨을 담보로 짝짓기를 합니다. 글쓴이가 조사한 바에 의하면, 무당거미 암수의 크기 차이는 암컷 19밀리미터 대 수컷 5밀리미터 2006. 10. 10, 무게는 수컷 0.147그램 대 암컷 0.936그램2007. 10. 24으로 수컷에 비해 암컷이 4배 이상 크고 6배 이상 무거웠습니다. 이렇게 큰 암컷과 짝짓기를 해야 하므로 매우 신중하지 않으면 어느 순간 암컷의 먹잇감이 될지 모릅니다. 따라서 성숙한 수컷 무당거미는 암컷에게 잡아먹히지 않을 만큼의 거리에서 짝짓기 기회를 엿보고, 암컷에게 접근하기 전에 반드시 거미줄을 당겨 암컷의 반응을 봅니다. 이러한 수컷의 행동은 암컷에게 먹잇감이 아닌 동족임을 알려 암컷의 사냥 본능을 억제시키려는 것입니다.

1 먹이를 먹고 있을 때 짝짓기 하는 무당거미 수컷. 2 수컷의 다리를 먹고 있는 무당거미 암컷.
3 배부른 암컷에게 짝짓기를 시도하는 무당거미 수컷. 4 갓 탈피한 암컷에게 짝짓기를 시도 중인 수컷.

어른이 되기까지의 과정은 어떤가요?

거미는 갖춘탈바꿈하는 곤충과 달리 알에서 깨어난 어린 새끼의 몸이 자라면서 성체가 됩니다. 무당거미는 늦가을 기온이 0℃ 이하로 내려가기 전에 산란하며, 산란 장소는 암컷 거미가 살았던 주변 나무의 기둥이나 나뭇잎, 건물 벽이나 모서리, 풀잎 사이 등입니다.

알 상태로 겨울을 보내고 다음해 5월 중순경 깨어난 새끼 거미들은 여러 차례 무리 짓고군집 나무 꼭대기 쪽으로 오르기를 반복합니다. 그러다가 나무 꼭대기에 다다르면 유사비행으로 분산합니다. 분산 후 각 개체들은 거미그물을 만들어 성장하고 짝짓기합니다. 짝짓기 이후 수컷은 수명이 다해 죽지만, 암컷은 먹이를 더 많이 섭취하고 늦은 가을에 산란합니다.

거미들은 천적에게 먹히거나 특별한 경우가 아니면 수컷보다 암컷이, 진화 정도가 높은 종들보다는 낮은 종들이 수명이 더 긴 것으로 알려져 있습니다.

1 월동 중인 무당거미 알. 2 알에서 갓 깨어난 무당거미 새끼.

거미의 수명?

Bonnet(1935)에 의한 거미의 수명은 4가지로 나눌 수 있습니다.

첫째: 무당거미처럼 암컷이 늦은 가을에 산란하고 죽은 이듬해 봄에 알에서 새끼들이 깨어 나와 성숙하는 것으로, 수명은 봄부터 가을까지 1년 미만입니다. 일부 정주성 거미들이 여기에 해당합니다.

둘째: 늑대거미과, 닷거미과의 거미들은 봄 또는 여름에 알을 낳고, 깨어난 새끼들은 늦은 가을까지 성장해 월동한 다음 성숙되어 짝짓기하고 알을 낳는데, 보통 한살이가 12개월 이상 됩니다.

셋째: 집유령거미, 별꼬마거미 등의 수명은 2~3년으로 알려져 있습니다.

넷째: 외국 문헌에 따르면 새잡이거미의 수명은 25년 정도이며, 우리나라에 서식하는 거미 중 땅거미과 거미들이 다년간 사는 것으로 알려져 있지만, 땅거미 각각에 대한 생태 정보가 부족해 정확한 수명은 알지 못합니다.

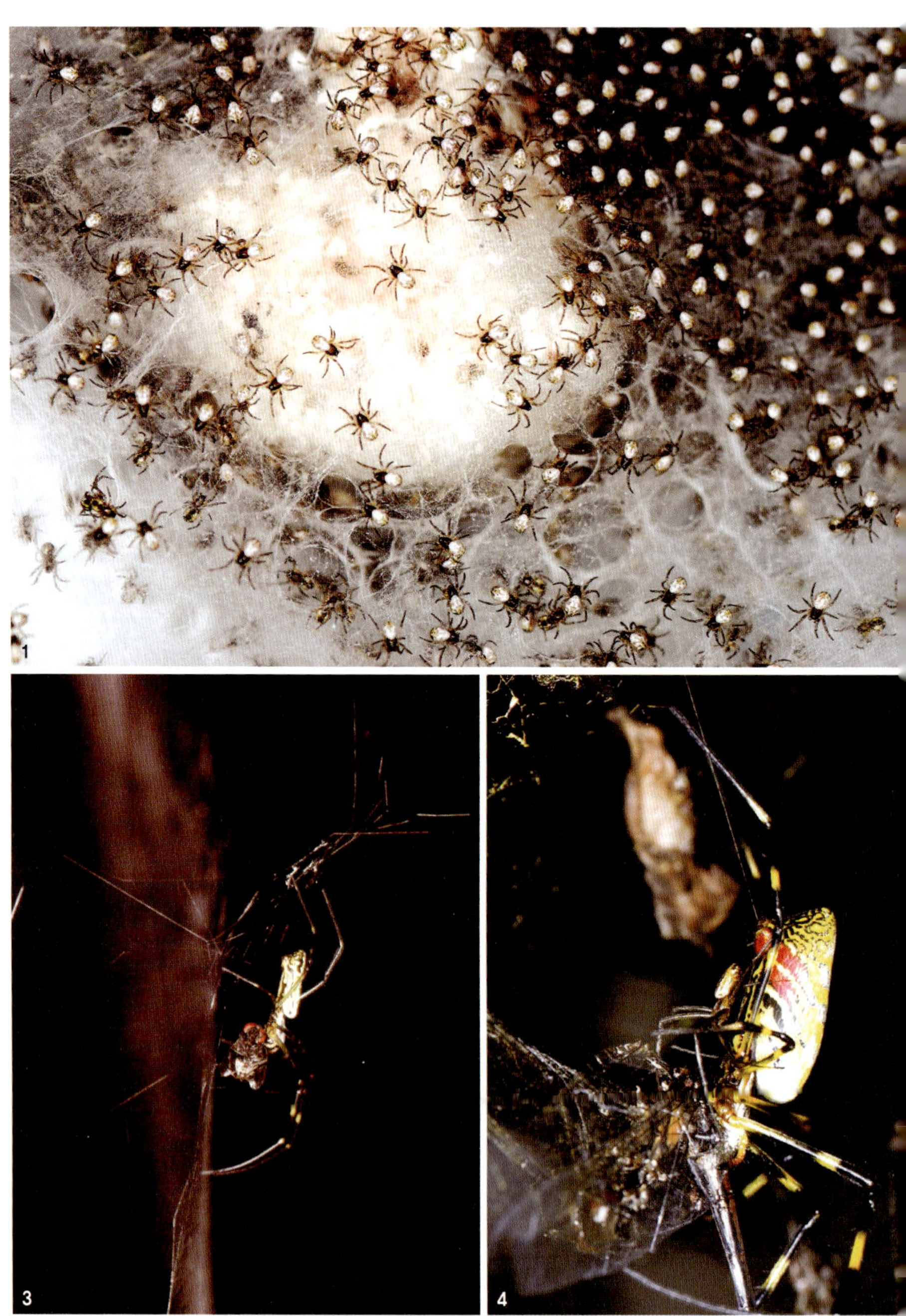

1 알에서 깨어난 지 34일 된 새끼들.
2 분산하려고 이동 중인 새끼들.
3 파리를 포획 중인 무당거미.
4 짝짓기.
5 산란.

거미줄 연구

먹이 포획 방법에 따른 거미의 분류

거미의 생활형은 왕거미과, 갈거미과 등과 같이 먹이를 포획하기 위해 거미줄그물을 만들어 생활하는 정주성 거미와 깡충거미과, 늑대거미과처럼 주변을 배회하면서 먹이를 사냥하는 배회성 거미로 나눌 수 있습니다.

정주성 거미

자신의 은신처나 그 근처에 간단한 거미줄을 치는 종부터 큰 공간에 다양한 형태의 거미그물을 만드는 종, 다른 종의 거미그물에 침입해 식객 노릇을 하는 종까지 먹이 포획을 위해 거미줄 또는 거미그물을 만드는 무리들을 정주성 거미라 합니다.

■ **공중에 치는 거미그물**

○원형 그물: 모양이 원형으로 만들어진 거미그물
  −완전 원형 그물
    • 정상 원형 그물: 그물 전체의 모양이 원형이고, 그 중앙에 조밀한 바퀴통허브, Hub이 있습니다. 산왕거미, 미녀왕거미, 연두어리왕거미, 지이어리왕거미, 울도응달거미, 왕관응달거미 등의 거미그물이 이에 속합니다.

1 산왕거미의 정상 원형 그물. 2 미녀왕거미의 정상 원형 그물.

정주성 거미의 거미그물 종류

■ 공중에 치는 거미그물

○ 원형 그물

　－완전 원형 그물

　　•정상 원형 그물 •바퀴통 없는 원형 그물 •흰띠 원형 그물 •위장 원형 그물 •설렁줄 원형 그물

　－불완전 원형 그물

　　•Zilla형 원형 그물 　•말굽형 원형 그물

　－변형 원형 그물

　　•삼각 그물 •접시 그물 •깔때기 그물 •줄 그물 •불규칙 그물 •차일 그물

■ 공중 외에 치는 거미그물

○ 땅속에 집을 짓고 사는 거미(전대 그물)

○ 물속에 집을 짓고 사는 거미(물거미 그물)

○ 기타 정주성 거미그물

- 바퀴통 없는 원형 그물: 그물 전체의 모양은 정상 원형 그물과 같지만, 거미그물 중앙에 있는 바퀴통을 잘라내 구멍이 보이는 거미그물로 왕백금거미, 검정백금거미, 큰새똥거미, 비단갈거미, 백금갈거미 등의 거미그물이 이에 속합니다. 바퀴통을 잘라낸 이유는 거미가 천적의 공격을 받았을 때 뚫어진 바퀴통을 통해 도망가거나 자유롭게 왕래 하기 위한 것으로, 거미의 진화 단계상 가장 진화한 것으로 추정하고 있습니다.

바퀴통 없는 왕백금거미 거미그물.

- 흰띠 원형 그물: 전체적으로는 정상 원형 그물 형태이나 바퀴통을 중심으로 X자, 1자 모양의 기하학적인 흰띠白帶, Stabilimentum를 만드는 그물로, 호랑거미, 긴호랑거미, 꼬마호랑거미 등이 만듭니다. 불규칙한 원형 소용돌이 모양 흰띠를 만드는 종들로는 울도응달거미, 유럽응달거미 등 응달거미속이 있습니다.

1 X 자형의 흰띠가 있는 호랑거미. 2 I 자형의 흰띠가 있는 긴호랑거미. 3 흰띠가 5개 있는 꼬마호랑거미.

거미그물의 흰띠는 어떤 역할을 할까요?

흰띠의 역할에 대해서는 거미 학자마다 의견이 다릅니다.

첫째, 거미그물을 단단하게 보강하기 위한 골조 역할이라고 보는 견해.

둘째, 조류 등 천적들로부터 자신을 보호하기 위한 수단 즉, 숨는 역할을 한다는 견해 (숨은 띠라고도 함).

셋째, 흰띠가 자외선 영역(가시광선보다 짧은 파장 영역)에서 곤충의 시각(눈)으로 볼 때 꿀샘으로 오인하게 해 꽃을 찾는 곤충들을 유인하게 만든다는 최근 견해는 가장 설득력 있는 이론으로 알려져 있음.

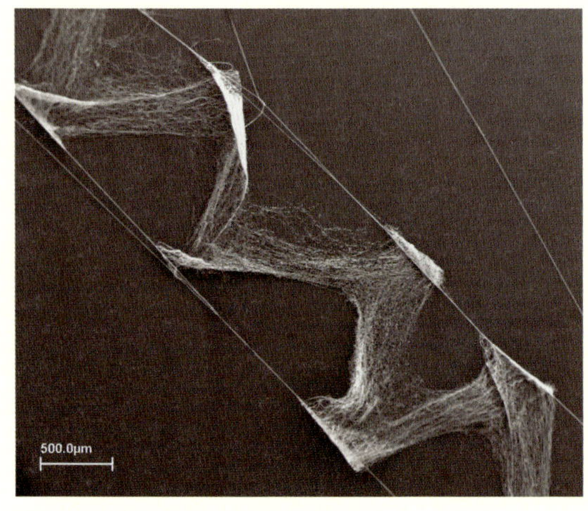

꼬마호랑거미의 흰띠.

• 위장 원형 그물: 여덟혹먼지거미, 여섯혹먼지거미, 넷혹먼지거미 등 먼지거미들은 자기가 잡아먹고 난 동물의 불포화 덩어리나 허물, 기타 이물질 등을 원형 그물 중앙에 I 자 형태로 늘어 붙여 놓고 그 가운데 또는 위에 숨어 있는데, 자신의 몸을 천적들로부터 숨기기 위한 방법입니다.

1 여덟혹먼지거미. 2 복먼지거미의 위장 원형 그물. 3 넷혹먼지거미의 위장 원형 그물.

• 설렁줄 원형 그물: 먹왕거미, 기생왕거미 등의 원형 그물은 중심인 바퀴통과 자신의 은신처와 연결된 줄 한 가닥, 즉 설렁줄이 있습니다. 이 설렁줄은 거미의 발끝과 항상 연결되어 있어 거미그물에 먹이가 걸렸는지 알 수 있게 하며, 거미그물에 머무르고 있다가 외부로부터 위협을 느끼게 되면 재빠르게 도망가는 지름길 역할도 합니다. 설렁줄은 거미가 위에서 아래로 떨어질 때나 거미그물의 외각 기초실을 만들 때 안전실로도 쓰입니다.

기생왕거미의 설렁줄.

완전 원형 그물의 모식도 및 명칭

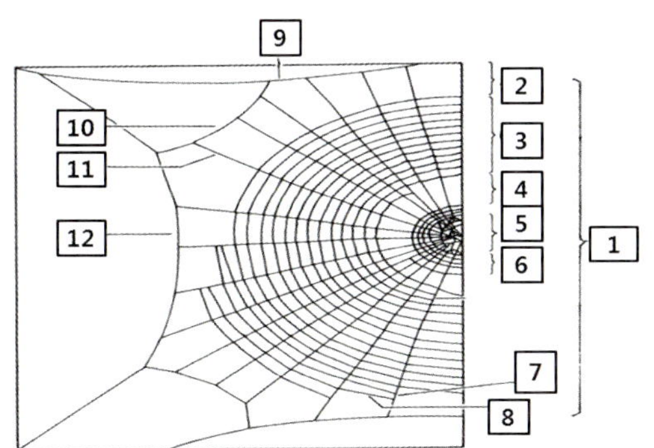

1. **올가미대:** 철사나 끈을 이용해 동물을 사냥하듯 완전 원형 그물 중 점액성 물질이 있는 가로실(나선실) 전체를 말합니다.
2. **기초대:** 올가미대와 외곽 기초실 사이 가로실이 없는 공간을 말합니다.
3. **나선실대:** 올가미대에서 자유대와 바퀴통을 제외한 점액성의 가로실(방사실)이 쳐 있는 부분입니다.
4. **자유대:** 올가미대에서 나선실대와 바퀴통을 제외한 부분을 말합니다.
5. **바퀴통:** 완전 원형 그물의 중심 부분으로 점액성은 없고, 정주성 거미들이 주로 머무르는 장소입니다.
6. **부착대:** 원형 그물 안의 거미가 머무르는 곳으로 바퀴통을 제외한 원형 그물의 중심이 됩니다.
7. **반환점:** 완전 원형 그물을 짓는 거미들이 점액성이 있는 가로실을 시계 방향(또는 반대 방향)으로 계속해서 치다가 반환점을 돌듯 반대 방향으로 거미그물을 치는 것을 말합니다.
8. **접착실:** 나사 모양의 가로실을 소용돌이 모양으로 치다가 마지막 3~4개는 지그재그로 치는 경우가 있는데 이를 접착실이라 합니다.
9. **다리실 또는 윗 기초실:** 거미들이 최초의 거미그물을 만들기 위해 거미그물 위쪽에 만드는 실로 거미의 이동을 돕기 때문에 다리실 또는 윗 기초실이라 합니다. 나무와 나무 사이, 개울가의 나뭇가지 사이 등에 치며 둥근 그물의 기초가 됩니다.
10. **안쪽의 2차 기초실:** 외각의 제1기초실을 토대로 가로실을 치는 데 필요한 거미줄을 치는데 이것이 거미그물 안쪽에 위치하기 때문에 안쪽의 2차 기초실이 됩니다.
11. **방사실:** 완전 원형 그물의 뼈대가 되며 가로실(나선실)을 치기 위해 반드시 필요한 세로실을 말합니다.
12. **바깥 기초실:** 가로실 외에 바깥쪽에 치는 바깥 기초실로 모든 거미그물의 기초가 되는 안전실의 일종입니다. 정주성 거미의 둥근 그물 외곽부를 만드는 데 쓰입니다.

−불완전 원형 그물

완전 원형 그물 중 일부분의 가로실이 없거나, 가로실이 계속되는 나사 모양이 아니라 성숙한 무당거미의 거미그물처럼 좌우로 만들어지는 거미그물을 말합니다.

- Zilla형 원형 그물: 복왕거미의 불완전 원형 그물은 동그란 완전 원형 그물 모양 중 마치 피자 2조각을 먹고 난 것처럼 2구역의 가로실이 없어진 형태입니다.

복왕거미의 Zilla형 불완전 원형 그물.

- 말굽형 원형 그물: 분산한 새끼 무당거미들은 처음에는 작은 원형 그물을 치지만 성장하면서 변형된 원형 그물을 만듭니다. 원형 그물의 중심인 바퀴통이 위쪽으로 치우쳐 있으며, 그 양쪽으로 불규칙한 거미줄이 추가되어 복잡한 삼중망 구조가 됩니다.

1~2 무당거미의 말굽형 원형 그물.

완전 원형 그물을 치는 거미들은 그물의 뼈대가 되는 외부의 기초실과 점액성이 거의 없는 세로실방사실을 치고, 먹이 사냥에 직접적으로 관여하는 점액성이 많은 가로실을 바퀴통 중심으로부터 바깥쪽으로 쳐서 거미그물을 완성하는 반면, 무당거미는 바퀴통으로부터 바깥쪽을 향해 지그재그 형태로 거미그물을 완성하는 특징이 있습니다.

무당거미의 거미그물이 삼중망인 이유?

다른 거미들과 달리 무당거미는 삼중망 구조라는 독특한 형태의 거미그물을 만드는데, 이는 원형 그물의 일부인 위쪽이 겹쳐 보이거나 V자 모양으로 비어 있는 듯해 말발굽 모양을 닮았습니다. 무당거미가 삼중망으로 거미그물을 짓는 이유에 대한 정확한 보고는 없지만 몇 가지 추측해 보면 다음과 같습니다.

첫째, 호랑거미, 긴호랑거미 등이 흰띠를 자신의 몸을 보호하는 수단으로 사용하는 것처럼 무당거미 역시 자신의 몸을 보호하는 지지대 역할로 양측에 불규칙한 망을 덧대는 것입니다.

둘째, 단일 원형 그물보다 복잡한 삼중망 그물이 천적으로부터 자신의 몸을 보호하는 데 매우 유용하기 때문입니다.

셋째, 불규칙 그물이 음식물 찌꺼기나 허물, 이물질 등을 매다는 쓰레기통 구실을 한다고 생각할 수 있습니다. 이 역시 천적들의 시각적 분산을 유도해 자신의 몸을 숨기는 것이라 할 수 있습니다.

－변형 원형 그물

완전 원형 그물과 불완전 원형 그물을 제외한 모든 원형 그물을 변형 원형 그물이라 합니다.

• 삼각 그물: 복왕거미의 Zilla형 그물 모양 중 마치 피자 3조각을 빼낸 것과 같은 삼각형 형태를 띠고 있습니다. 부채거미의 거미그물이 대표적이고, 세로실 4가닥과 가로실 20여 개로 구성되어 있습니다.

1 삼각 그물을 치는 부채거미. 2~3 부채거미의 삼각 그물.

○ 접시 그물

불규칙 그물 내에 거미줄을 이리저리 엮어서 마치 접시나 종발 그릇을 엎어놓은 것 같은 모양의 거미그물을 만듭니다. 검정접시거미, 대륙접시거미, 가시접시거미, 농발접시거미 등의 거미그물이 이에 속합니다.

검정접시거미의 불규칙 그물.

○ 깔때기 그물

들풀거미 등 가게거미과의 거미들은 나뭇가지나 인공 구조물 위에
평평하고 조밀하게 거미그물을 만드는데 마치 시장에서 좌판을 벌
여 놓은 듯한 평상 구조로 되어 있습니다. 평상 구조 가운데 있는 깔
때기 모양의 은닉 터널은 깔대기거미그물을 치는 거미들의 피난처가
되는 곳입니다. 위협을 느끼면 이 은닉 터널로 도망가거나 아예 땅으
로 떨어지기도 합니다. 평상 구조 위쪽과 연결된 여러 가닥의 세로
거미줄은 비행하는 곤충을 아래로 떨어뜨리는 역할을 합니다. 깔때
기 그물을 치는 종들로는 두더지거미, 한국깔내기거미, 타래풀거미,
대륙풀거미 등이 있습니다.

1 가게거미(풀거미)의 깔개 그물. 2 한국깔대기거미의 거미그물. 3 들풀거미의 깔개 그물.

○ 줄 그물

거미그물이라기보다는 거미줄 2~3개를 늘여 놓고 먹이를 포획하는 것으로 꼬리거미, 손짓거미 등의 그물이 이에 속합니다.

손짓거미의 줄 그물.

○ 불규칙 그물

말꼬마거미, 가랑잎꼬마거미, 넓은잎꼬마거미, 유령거미 등은 나뭇
가지, 풀, 돌 틈, 건물 등에 가로 또는 세로로 얼기설기 불규칙 그물
을 칩니다. 접시거미과 거미들도 불규칙하게 거미그물을 치지만 꼬
마거미과의 거미그물은 접시거미과처럼 접시나 종발을 엎어 놓은 듯
조밀한 망은 보이지 않습니다.

1 꼬마거미과 불규칙 그물. 2 말꼬마거미.

○ 차일 그물

건물의 벽이나 대문, 창고 등에 마치 햇볕을 가리기 위해 치는 장막
차일 같은 거미그물을 치고 그 안에 은신하는 거미로는 대륙납거미,
왜납거미, 갈대잎거미 등이 있습니다. 차일 그물은 서의 누 겹으로
되어 있으며 외부 쪽 차일은 뾰족한 나뭇잎의 끝처럼 생겼고, 바깥쪽
차일을 거두어내면 그 안쪽에 알집과 은신처가 나타납니다. 이곳에

설렁줄이 연결되어 있는데, 이 설렁줄은 주변을 지나는 작은 동물들의 진동을 파악하는 데 쓰입니다.

1 대륙납거미의 차일 그물. 2 대륙납거미의 차일 그물에 연결된 설렁줄.

■ 공중 외에 치는 거미그물

○ 땅속에 집을 짓고 사는 거미(전대 그물)

한국땅거미, 고운땅거미 등은 옛날 돈주머니인 전대를 닮은 긴 대롱 같은 집을 짓고 삽니다.

바위에 붙은 땅거미의 전대 그물.

○ 물속에 집을 짓고 사는 거미(물거미그물)

물거미는 수면 부근, 물속 바닥, 수초 사이 등에 이글루와 같은 돔형의 공기 주머니집을 만들고 삽니다. 성숙한 물거미의 공기 주머니집은 1.5~2.3센티미터에 이르는 것으로 조사된 바 있습니다. 우리나라에 서식하는 물거미는 현재까지 연천 은대리에서 발견된 물거미가 유일합니다.

1 돔형의 은신처로 들어가는 물거미. 2 돔형의 물거미 집.

○ 기타 정주성 거미

바위나 돌 사이 등 그늘진 곳에 모래나 흙을 이용해 작은 종 모양의 집을 짓고 그 속에서 은신합니다.

1 바위 밑의 종 모양 꼬마거미그물(다른 종인 땅거미 전대 그물도 옆에 보인다). 2 종 모양 꼬마거미그물.

배회성 거미

일정한 거미그물을 치고 먹이를 포획하는 정주성 거미와는 달리 꽃이나 꽃잎, 잎사귀 등에 숨어 있다가 먹이를 포획하거나꽃게거미과, 풀밭이나 인가 주변을 돌아다니면서 사냥하거나깡충거미과, 땅 위나 풀숲 등을 떠돌아다니며 사냥하는 거미류늑대거미과, 너구리거미과 등처럼 여러 곳을 이리저리 배회하거나 잠복해 있다가 먹이를 덮쳐 잡는 무리를 배회성 거미라고 합니다.

방사실과 가로실은 무엇인가요?

거미들은 먹잇감을 포획할 목적으로 또는 자신의 은신처나 알집, 정액그물 등을 만들기 위해 거미줄(그물)을 만듭니다. 거미는 거미그물을 도구처럼 이용해 먹이를 잡아먹을 줄 아는 매우 영리한 동물입니다. 종에 따라 다르겠지만 거미의 아이큐가 70~80으로 매우 높다고 말하는 학자도 있습니다. 그 만큼 거미그물도 과학적으로 만든다는 뜻입니다.

완전 원형 그물의 가로실(橫絲: 횡사 또는 나선실이라고도 함, Spiral thread)은 거미그물의 중앙인 허브로부터 사방으로 소용돌이 모양이나 지그재그 형태로 뻗어나가는 거미줄로 끈적끈적한 점액성이 있습니다. 반면 세로실(放射絲: 방사실, Radius thread)은 거미그물의 중앙인 허브에서부터 바깥 일직선으로 나가는 실로 점액성이 거의 없습니다.

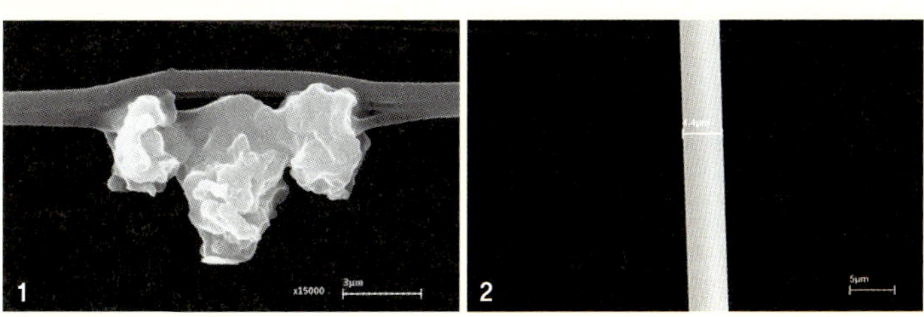

1 점액성이 있는 무당거미 가로실. 2 점액성이 없는 무당거미 세로실.

거미실(줄, 그물)의 역할과 기능

거미그물에는 한 가닥 또는 두 가닥 이상의 거미줄을 늘여 안전실, 낙하실 등의 목적으로 만든 선 모양 구조부터 부착반, 싸개띠, 싸개막, 빗긴실띠, 정액그물처럼 리본 또는 평면구조인 것을 비롯해 먹이를 잡는 데 쓰는 그물덫과 알을 싸서 보호하는 알주머니, 거미의 몸을 숨기는 데 필요한 집은신처, 탈피실, 교미실, 월동실, 산실 등 다양한 모양의 입체 구조물 등이 있습니다.

■ 선상 구조

한 가닥의 선 구조로 되어 있는 거미줄로, 안전실과 낙하실이 대표적입니다.

–안전실

접시거미과를 제외한 정주성 거미들이 이동 시 실젖에서 뽑는 한 가닥의 실로 원형 그물의 기초가 되게 짓는 외각부 기초실, 유사비행 시 쓰이는 거미줄, 먹왕거미, 기생왕거미 및 납거미류에서 볼 수 있는 설렁줄 등을 말합니다. 육안으로는 안전실이 1가닥으로 보이기만 실제로는 한 가닥 또는 여러 가닥으로 된 거미줄입니다

생명줄 또는 견인실이라고도 함.

무당거미의 안전실.

－낙하실(안전실의 일종)

거미가 위협을 느끼면 높은 곳에서 낮은 곳으로 떨어지며 내는 실로, 생명을 유지하기 위해 떨어지므로 생명줄이라고도 합니다.

금새우게거미와 수컷의 낙하실.

■ 리본과 평면 구조

한 가닥의 선으로 된 거미줄이나 먹이를 잡는 그물뒷, 알을 보호하는 원형의 알주머니, 복잡한 원형 그물이 아닌 끈이나 띠 모양의 거미줄 그물을 말합니다.

－부착반

거미가 이동하면서 안전실을 물체 표면에 고정시킬 때나 실젖을 일반 물체에 문질러 고정시킬 때 쓰이는 것으로 작은 실 뭉치 모양으로 되어 있습니다.

깡충거미의 부착반.

－싸개띠

정주성 거미 중 산왕거미, 호랑거미 등이 거미그물에 걸린 먹이가 도망가지 못하도록 둘둘 말아 갈무리할 때 사용하는 띠 모양의 여러 가닥 거미실을 말합니다.

꼬마호랑거미 싸개띠.

-싸개막

꼬마거미과 거미들은 왕거미과 거미들과 달리 먹이를 포식할 때 그물
로 돌돌 말아 감싸며, 이때 이용하는 띠 모양의 거미그물을 말합니다.

-빗긴실띠

비탈거미과, 주홍거미과, 잎거미과, 응달거미과, 티끌거미과 등의 거
미류는 다른 거미들과 달리 실젖 바로 앞에 긴 타원형의 특수한 실을
만드는 기관이 있는데, 이를 체판실샘과 연결된 매우 작은 구멍으로 그 모양이 마치
체와 유사해 붙여진 이름이라 하며, 체판이 있는 거미들이 뽑아내는 납작한
띠 모양의 거미실그물을 빗긴실띠라고 합니다.

여덟혹먼지거미 수컷의 정액그물.

-정액 그물

거미 수컷들이 짝짓기를 하기 전에 정액을 배출하는데, 이때 이용되
는 극히 작은 그물을 말합니다.

긴호랑거미 짝짓기.

■ 입체 구조물

한 가닥의 선 모양 또는 띠나 끈 모양의 거미줄그물이 아닌 다양한 형태의 입체 구조물로 된 거미그물을 말합니다.

−덫 그물

먹이를 잡는 데 이용하는 것으로 완전 원형 그물, 불완전 원형 그물, 변형 원형 그물 등을 통틀어 말합니다.

−알주머니

늑대거미나 서성거미들은 동그란 알주머니를 만드는 반면 긴호랑거미는 편평한 형태의 알주머니를 만드는데, 여기에 사용되는 실을 말합니다. 알주머니는 거미의 종에 따라 그 모양이 여러 가지입니다.

노랑염낭거미 알주머니.

–은신처

종에 따라 다르지만 대부분의 거미들은 자신의 몸을 천적들로부터
숨기기 위해 다양한 형태의 은신처를 만듭니다.

대롱: 대표적인 대롱 모양 거미그물은 주홍거미와 굴뚝거미의 은신
처사냥터이기도 함입니다. 대롱의 지하부는 땅거미의 전대 그물 형태이
며, 지상부는 지면과 수평을 이루는 Y자형의 대롱 또는 터널 모양입
니다. 지하부는 주홍거미가 거의 모든 시간을 보내는 은신처이며, 곤
충 등의 작은 동물들이 거미그물 위를 지나가면 재빠르게 지상부로
나와 먹이를 잡아 지하부로 들어갑니다.

1 주홍거미의 대롱(터널) 그물. 2 굴뚝거미류의 흙집.

전대 그물: 한국땅거미는 1/3은 지상부에, 나머지 2/3는 땅속에 일
자 형태로 뻗은 전대 그물을 만드는 반면 고운땅거미는 지상부 없이
지하부만 있는 전대 그물을 만듭니다. 두 종 모두 전대 그물 내부가
거미실로 안받침되어 거미가 드나들 수 있는 구멍 형태로 만들어져
있습니다.

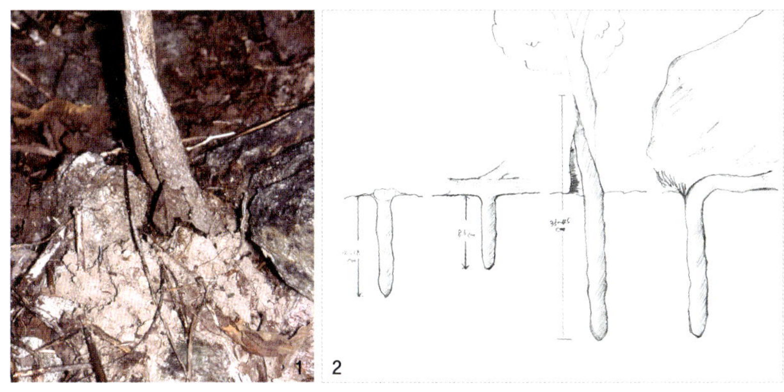

1 한국땅거미 전대 그물. 2 고운땅거미, 주홍거미, 한국땅거미 거미그물.

골무 모양의 집: 산왕거미, 기생왕거미, 집왕거미 등이 나뭇잎 또는 처마 밑에 마치 바느질할 때 손가락이 찔리지 않도록 끼우는 골무와 비슷하게 만든 작은 은신처를 말합니다.

골무 모양으로 만든 수컷 기생왕거미의 은신처.

허물벗기실(탈피실): 거미들은 천적들로부터 자신의 몸을 보호하기 위해 누에고치와 같은 허물벗기실을 만들고 그 안에서 허물벗기를 합니다.

산실: 염낭거미과 거미들은 갈댓잎, 억새풀잎 등 화본과의 식물 끝을 삼각형 모양으로 말아 거미실로 엮어서 산실을 만들고 그 안에 산란합니다.

1 삼각형 모양의 노랑염낭거미 산실. 2 새끼들을 보호하고 있는 노랑염낭거미.

교미실: 염낭거미, 수리거미속, 염라거미속 거미들은 거미실로 짠 교미실에서 수컷이 암컷을 감금하고 마지막 허물벗기 후 짝짓기를 하는 데 이용합니다.

월동실; 무당거미 알은 잘 감무리된 알주머니에서 겨울을 나지만, 성체나 아성체로 겨울을 나는 거미들은 돌 사이나 나무껍질 사이에 조밀하게 만든 주머니 모양 거미집에서 겨울을 납니다.

불개미거미 월동실.

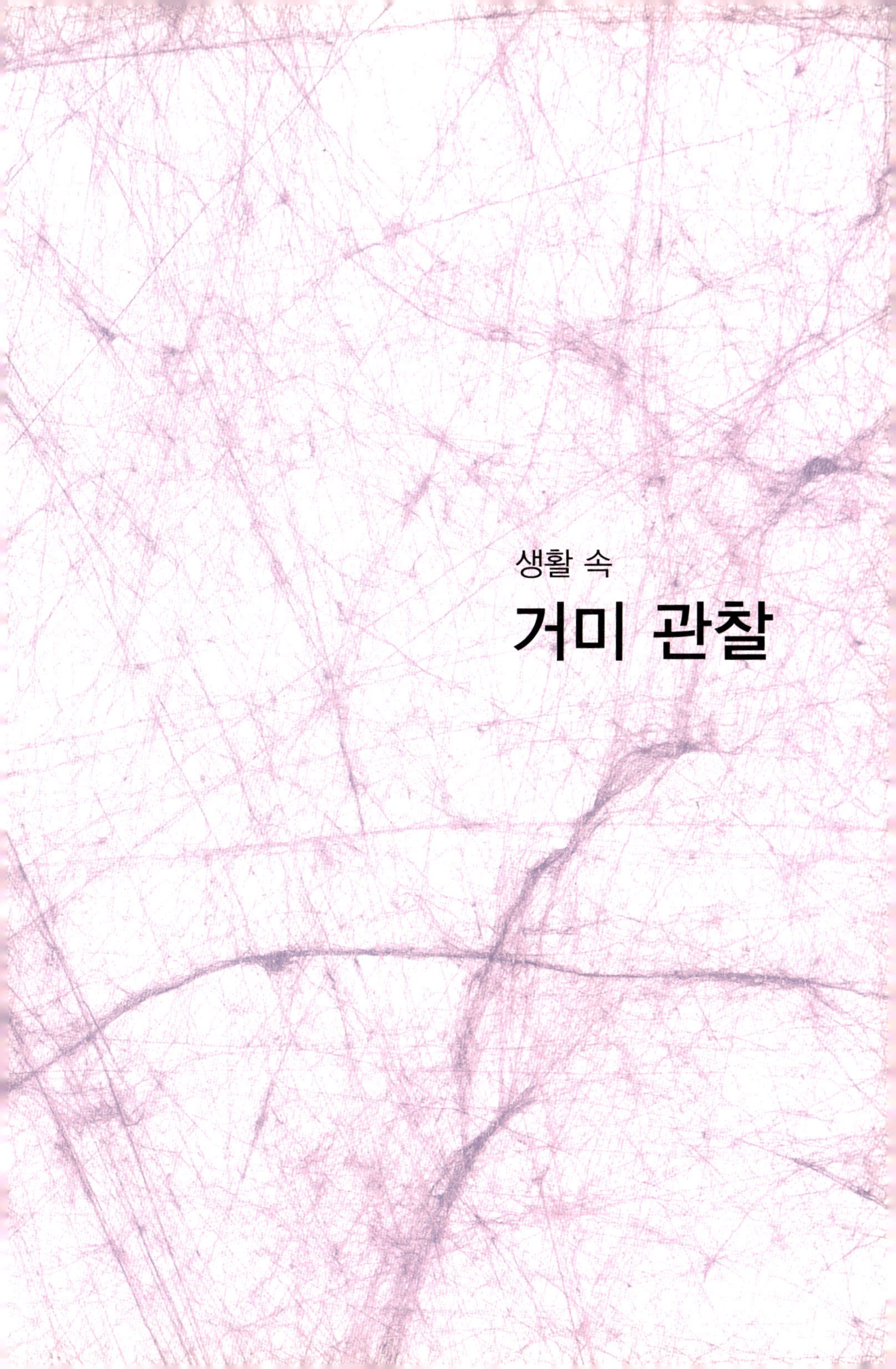

생활 속

거미 관찰

관찰기에 소개한 각 과의 특성

적갈어리왕거미 암컷

왕거미과

동물 중 왕-, 대왕-, 장수- 등의 이름을 갖고 있는 종은 그 무리 중 몸집이 가장 크거나 비교적 큰 편입니다. 왕거미과는 다른 거미 무리에 비해 크기 때문에 붙여진 이름으로, 대표적인 우리나라 거미로는 산왕거미, 부석왕거미, 기생왕거미, 집왕거미, 각시어리왕거미 등이 있습니다.

털보깡충거미 암컷

깡충거미과

깡충거미과는 거미그물을 쳐서 먹이를 잡아먹는 것이 아니라 떠돌아다니며 먹이를 잡아먹는 거미 무리입니다. 깡충거미과의 특징인, 이동하거나 먹이를 잡아먹을 때 토끼처럼 짧고 강건한 다리를 움츠렸다가 깡충 깡충 뛰는 모습 때문에 붙여진 이름입니다.

꽃게거미 수컷

게거미과

게거미과는 깡충거미과나 늑대거미과처럼 떠돌아다니며 먹이사냥을 하는 무리입니다. 몸의 모양뿐 아니라 다리가 마치 게처럼 생겼다고 해서 붙여진 이름입니다.

왜종꼬마거미 수컷

꼬마거미과

동물의 무리에서 꼬마, 왜, 쇠, 깨알, 좁쌀 등과 같은 이름이 붙은 종류는 그 무리 중 크기가 작은 편에 속합니다. 꼬마거미과 역시 꼬리가 유난히 긴 꼬리거미를 제외하고는 길이 8밀리미터 이내로 작습니다

검정접시거미 수컷

접시거미과

접시거미과는 꼬마거미과와 크기가 비슷하지만 각각의 거미그물 형태를 살펴보면 쉽게 구분할 수 있습니다. 꼬마거미과는 나뭇가지나 돌 틈 등에 불규칙 그물을 치지만, 접시거미과는 불규칙한 거미줄 중앙 부분에 작은 그릇(또는 종발 모양)이나 천막 모양 거미그물은 치는 것이 많습니다.

별늑대거미 암컷

늑대거미과

늑대는 가족 단위로 무리 생활을 하며 사냥도 무리지어 합니다. 늑대거미는 무리지어 사냥하지는 않지만 늑대가 무리를 짓는 것처럼 많은 알에서 깨어난 새끼들이 좁은 지역 안에서 발견되기 때문에 붙여진 이름입니다.

무당거미 암컷

무당거미과

무당거미는 갈거미과에 소속되어 있다가 최근에 독립되었습니다. 무당거미는 가을을 대표하는 거미이며, 한국을 대표할 정도로 개체수가 많고 그 서식지 또한 광범위합니다. 30~40년 전보다 개체수가 많아진 것으로 판단됩니다. 독특한 삼중망 거미그물과 화려한 색깔, 가을에치는 황금색 거미그물 때문에 많은 사람들로부터 관심 받고 있습니다.

턱거미 암컷

갈거미과

갈까마귀에서 접두사인 '갈'은 까마귀보다 약간 작고 몸빛이 검은 까마귀를 말합니다. 갈거미과의 갈은 보통의 거미류(우리가 눈으로 쉽게 판단할 수 있는 거미류) 즉, 왕거미과보다 몸집이 작은 종류의 거미무리를 말하는 것 같습니다. 실제로 갈거미과 거미류의 대부분은 크기나 길이 면에서 왕거미과 무리보다 작은 종들이 많습니다.

한국깔대기거미 암컷

비탈거미과

비탈거미과는 어둡고 습한 건물 안이나 창고, 해안가의 자갈 밑, 낙엽이 많은 비탈진 숲의 썩은 나무 아래 등에 해먹(나무에 묶어 침대처럼 쓰는 그물)과 같은 은신처를 만들고 삽니다.

먹닷거미 암컷

닷거미과

닷거미과는 몸길이가 10–25밀리미터나 되는 비교적 큰 무리로 호수나 연못 위를 거닐다가 다리 끝을 물속에 담가 미끼로 이용해 작은 물고기를 잡아먹기도 해서 외국에서는 낚시거미(fishing spider)라고도 부릅니다. 암컷은 커다란 알주머니를 보호하기 위해 위턱으로 물고 다니거나 더듬이다리로 쥐고 다니기도 합니다. 또한 암컷은 새끼를 돌보기 위해 보육그물을 만드는데, 이 때문에 보육거미(nursery spider)라 부르기도 합니다. 알이 부화할 무렵 보육천막(nursery tent)을 만들고 그 위에 올라타 어린 거미가 독립할 때까지 보호합니다. 닷거미과 거미들은 천적의 공격에 대비해 오랜 시간 물속에 잠수할 수도 있습니다.

가게거미류의 거미그물

가게거미과(풀거미과)

가게거미과의 거미들은 돌 밑이나 낙엽층에 서식하는 종도 있지만, 대개의 경우 회양목이나 주목 같은 나무에 가게의 좌판을 펼쳐 놓은 듯한 모양의 먹이그물(천막, 선반)을 쳐 놓고, 그 안쪽 입구에 깔때기 모양 거미그물을 치고 삽니다. 남궁 준 선생은 풀거미과로 개칭해 분류하고 있습니다.

밤색스라소니거미 암컷

스라소니거미과

스라소니는 고양이과 동물로 같은 과인 호랑이나 사자에 비해 몸집이 뚜렷하게 작고 아시아, 유럽 등지에 분포합니다. 주로 황갈색을 띠고 다리가 길며 발바닥에 털이 많이 나 있습니다. 스라소니거미 역시 스라소니처럼 빠르게 땅 위를 이동하는 배회성 거미로 시각기가 비교적 발달되었으며, 다리는 긴 편이고 가시와 같은 긴 털이 다리에 많기 때문에 붙여진 이름으로 생각됩니다.

관악유령거미 암컷

유령거미과

유령거미들은 다른 거미들에 비해 다리가 유난히 길며, 상대에게 위협을 느끼면 몸을 위 아래로 흔드는데 그 행동이 마치 유령같이 빨라 붙여진 이름으로 생각됩니다.

한국땅거미 암컷

땅거미과

땅거미는 이름 그대로 땅속에 거미그물을 만들고 사는 거미들을 말합니다. 땅속에 살기 때문에 거미그물 모양도 세로로 긴 전대 그물입니다.

왕관응달거미 수컷

응달거미과

응달이란 음지를 뜻하며, 햇빛이 들지 않아 그늘진 곳입니다. 응달거미과에 속하는 거미들은 그늘진 곳에 거미그물을 치고 먹이 활동을 합니다. 불규칙 그물을 치거나 원형 그물에 소용돌이 모양의 흰띠(숨은 띠라고도 함)를 만드는 경우가 많습니다.

주홍거미 수컷

주홍거미과

주홍거미는 큰주홍부전나비나 작은주홍부전나비처럼 몸 색깔의 일부 또는 전체가 주홍색이어서 붙여진 이름입니다. 주홍색 무늬를 지닌 거미로는 주홍거미 외에 꼬마거미과의 주홍더부살이거미가 있습니다.

대륙납거미 암컷

티끌거미과

우리 속담에 '티끌 모아 태산'이라는 말이 있습니다. 아무리 작은 것이라도 모이고 모이면 나중에 큰 덩어리가 됨을 비유적으로 이르는 말입니다. 거미의 무리 중 티끌을 이용해 자신의 은신처를 위장하는 녀석들이 몇 종 있습니다. 그 중에서도 대륙납거미는 벽면에 자신의 은신처를 만들고 그 위에 티끌이나 먼지, 동물의 사체 등을 붙여 위장합니다.

아롱가죽거미 암컷

가죽거미과

가죽거미과의 거미들은 다른 거미들과는 전혀 다른 독특한 방법으로 먹이를 사냥합니다. 거미그물을 만들거나 뛰거나 도약해서 먹이를 잡는 것이 아니라 독샘 뒷부분에서 분비되는 점액을 입으로 분출해 파리나 작은 동물들을 꼼짝 못하게 합니다.

물거미 수컷

굴뚝거미과

우리나라에 살고 있는 거미 중 유일하게 물속에서 사는 거미가 물거미입니다. 물거미는 영어 이름 역시 워터 스파이더(Water spider)입니다. 몇 년 전까지만 해도 물거미과로 분류되던 것이 최근 굴뚝거미과로 통합되었습니다.

너구리거미 암컷

너구리거미과

너구리는 밤에 활동하면서 개구리나 들쥐, 지렁이나 곤충, 식물의 열매 등 닥치는 대로 먹는 잡식성 동물입니다. 너구리거미과 거미는 너구리처럼 밤에 움직여 먹이사냥을 하기 때문에 이름 붙여졌다는 설과 너구리가 사는 서식처와 유사한 환경에서 살기 때문이라는 이야기가 있습니다. 늑대거미나 스라소니거미처럼 땅 위, 초원, 숲속의 낙엽층을 가리지 않고 배회하며 먹이를 사냥합니다.

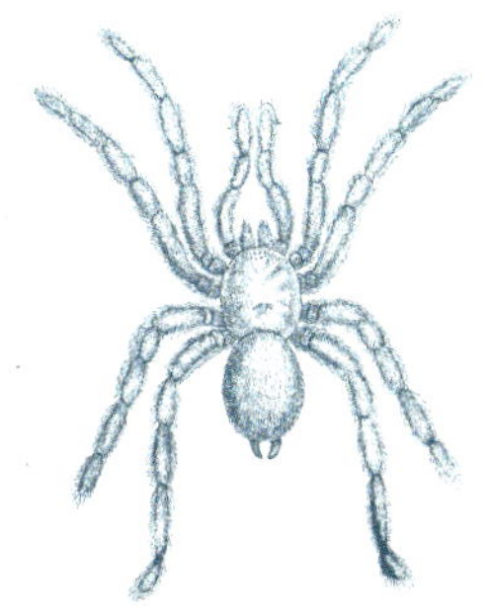

우리나라 거미무리의 제왕

1999년 7월 주말, 모처럼 차를 몰고 여주 고향집을 향해 달립니다.
창밖으로 펼쳐진 플라타너스가 바람에 흔들리고, 우리 가족의 들뜬
마음은 이미 고향집에 다다라 있었습니다.

산왕거미는 밝은 낮보다는 해가 진 어둠 속에서 먹이 활동을 많이 한다.
거미그물에서 먹이를 기다리고 있는 암컷 산왕거미.

“어서오너라 우리 귀여운 새끼들.”

어머니가 아이들을 부르는 소리가 들립니다. 어머니는 손자, 손녀를 보기 위해 한 시간 전부터 동네 어귀에 나와 기다리고 계셨습니다.

“할ー머ー니” 하고 아이들이 뛰어가 품에 안깁니다.

나도 부모님께 인사를 드리고는 늘 그랬던 것처럼 카메라를 들고 뒤울로 갑니다. 고향에 오면 부모님과 형제들, 친구들도 만나지만 그 즐거움 못지않은 것이 바로 거미친구들을 만나는 일입니다. 도시에 살면 많은 종류의 거미를 만나기가 쉽지 않기 때문입니다.

울안을 둘러보다가 숨이 멎을 뻔한 광경을 보았습니다. 산왕거미 거미그물에 이름 모를 새가 걸려 있는 것입니다. 순간적으로 “아니, 이럴 수가” 라고 소리 지르며 그곳으로 달려갔습니다. 예전에 닭장으로 사용하던 슬레이트 건물과 그 앞의 함박꽃나무를 이용해 산왕거미가 거미그물을 쳐 놓았는데 새가 걸린 것입니다.

새에게는 불행한 날이지만 거미에게는 큰 행운이 들어온 날인지도 모릅니다. 자신의 몸보다 10~20배나 큰 먹이를 잡았으니까요. 하지만 실제로 거미가 좋아하는 먹이는 이렇게 큰 것보다는 자신의 몸 크기만 하거나 조금 큰 것입니다.

우리나라에 살고 있는 거미들 중 가장 큰 거미그물을 치는 종이 바로 산왕거미입니다. 내가 본 가장 큰 산왕거미 거미그물은 높은 나무와 갈대 사이에 친 것으로, 높이가 5미터에 가까웠습니다. 산왕거미는 시골 민가 주변이나 습지공원의 정자쉼터 등에서도 쉽게 볼 수 있는데, 세로로 된 거미그물을 치고 그 가운데에 곤충 같은 먹이를 잡

1 산왕거미의 거미그물에 걸린 새.
2 둥근 원형의 산왕거미 거미그물. 아침 이슬에 거미줄이 젖어 늘어져 있지만 끊어지지는 않는다.

을 원형 그물을 칩니다. 세로줄은 끈끈이가 거의 없지만 거미그물을 지탱하는 기둥 역할을 하고, 가로줄은 끈끈이가 많아 먹이를 잡는 사냥터 역할을 합니다.

산왕거미가 어느 정도 자랐느냐에 따라 전체 거미그물의 크기도 차이가 있고 사냥터인 원형망의 크기도 차이가 나지만, 지금까지 조사한 바로는 원형 그물의 길이가 67센티미터인 것도 있습니다.

산왕거미는 낮에는 주로 거미그물 모서리 푹 패인 홈, 구멍, 잎사귀 사이 등 은신처에서 숨어 지내고 밤에 활동합니다. 2006년 9월 3일에는 거미그물에 잠자리가 걸린 것을 관찰했습니다. 은신처에 숨

1 산왕거미 원형 그물의 중심인 바퀴통.
2 위협을 느끼자 은신처로 빠르게 도망가고 있는 암컷 산왕거미.

어 있던 산왕거미는 거미그물에 잠자리가 걸려들자 재빠르게 거미줄을 타고 거미그물 중앙에 도착, 잠시 멈추어 섰습니다. 잠시 후 잠자리가 걸려 있는 쪽을 향해 거미줄을 다리로 잡아당겨 먹잇감이 걸렸는지 진동으로 확인한 다음 잠자리가 도망가려고 발버둥치는 걸 감지하고는 잠자리 쪽으로 다가가 날아가지 못하도록 거미 실을 내어 잠자리 날개 쪽부터 포박하기 시작했습니다.

포박이 끝나자 잠자리를 배의 끝부분인 실젖에서 나오는 거미줄 한 가닥에 매달고 거미그물의 중심부로 이동해 갑니다. 잠자리는 더 이상 반항하지 못하고 거미의 먹잇감 신세가 되었습니다. 잠자리 역시 육식성 곤충이라 다른 작은 곤충을 잡아먹으니 자연 생태계는 먹고 먹히는 약육강식의 세계랍니다. 어쨌든 산왕거미는 오늘 횡재를 했네요. 거미그물 중앙에 도착한 산왕거미는 잠자리의 급소인 머리와 가슴 경계 지점을 독이빨_{사람의 이에 해당됨}로 물어 독액을 주입한 다음 다시 소화액을 분비해 서서히 잠자리의 체액을 빨아 먹습니다.

무더위가 한참인 2007년 8월 12일, 운동을 하려고 주민자치센터를 찾았습니다. 주민자치센터가 문을 연 지 9개월 정도밖에 되지 않아 주변의 나무나 꽃들이 자리 잡기까지는 많은 시간이 흘러야 할 것 같습니다. 다른 날보다 30분 일찍 도착해 주변을 살펴보기로 했습니다. 많지는 않아도 전봇대와 가로등 사이, 건물과 나무 사이에 여러 마리의 거미들이 보여 반가웠습니다.

멀리서도 거미그물이 세로이고 내형 방으로 이루어진 것을 보니 산왕거미임을 금방 알 수 있었습니다. 특이한 행동을 하는지 살펴본

1 산왕거미 암컷이 완전 원형의 거미그물 가운데 바퀴통에서 먹이가 걸리기를 기다리고 있다.
2 잠자리를 포획하고 있는 암컷 산왕거미.

뒤 채집하기로 마음먹었습니다. 산왕거미가 알을 몇 개를 낳고, 어떻게 낳는지 직접 본 적이 없어 궁금했거든요. 차에서 채집통을 꺼내와 산왕거미 몇 마리를 잡아 담았습니다. 물론 통 하나에 한 마리씩 담아야 합니다. 그렇지 않으면 서로 잡아먹으니까요. 이렇게 같은 종을 잡아먹는 현상을 동종포식이라 합니다.

채집 다음 날 산왕거미를 내가 근무하는 건물 앞 화단에 풀어 놓았습니다. 거미는 오후에 산란을 시작했습니다. 산왕거미 암컷은 산란 전에 벽면에다가 흰색의 끈끈한 물질을 발라 거미 실을 붙이는 작업을 반복해 시트처럼 침대보를 만들고 그 위에 알을 낳기 시작했습니

산왕거미의 알집. 산왕거미 새끼들이 부화해 분산하다가 알 수 없는 이유 때문에 죽어 있다.

다. 알 색깔은 옅은 갈색이었으며, 산란을 마친 뒤 다시 알보다 짙은 갈색의 거미줄로 알집 밖을 촘촘하게 덮었습니다. 알집을 밖에서 보면 마치 나방의 고치집처럼 보이기도 합니다. 그리고 알집 주위에 다시 점액성이 있는 거미줄을 붙여 알이 움직이지 않게 하는 작업을 계속합니다.

산란이 끝나고 1주일 후에 산왕거미 알의 수가 궁금해 알들을 세어보기로 했습니다. 알집은 동그란 계란 모양으로 너비가 넓은 쪽이 4.2센티미터, 짧은 쪽은 4센티미터 정도 되었습니다. 안에 있는 알 덩어리들은 1.5~1.6센티미터로 역시 둥근 형태를 띠고 있었으며, 알의 수는 684개였습니다.

거미는 왜 무서울까?

우리나라에서는 '늦은 밤 산왕거미 거미그물에 석양이 비치면 거미그물이 마치 피처럼 붉게 보인다' 해 거미를 무섭게 생각했으나, 아침에 거미그물에 이슬이 맺히면 빛에 의해 영롱하게 보여 반가운 소식이나 손님이 온다고 믿기도 했습니다.

미국의 버지니아주립대 연구진에 따르면 사람이 뱀을 무서워하듯 거미를 무서워하는 것은 우리 먼 조상들이 뱀이나 다른 천적들로부터 생명의 위협을 받은 데서 생긴 공포가 그대로 우리 유전자 속에 각인되어 후손에게 전달되었기 때문이라고 합니다.

특히 여자는 남자들에 비해 거미와 같은 벌레를 4배 이상 더 무섭게 생각하는데 그 이유는 여자는 낯선 동물을 더 두려워하게, 남자는 덜 두려워하게 진화되었기 때문이라고 미국 카네기멜론대학의 데이비드 교수가 발표한 바 있습니다.

술 취한 사냥꾼

2008년 8월 9일, 한 방송사의 부탁으로 거미 촬영을 나간 적이 있습니다. 복중이라 어찌나 더운지 태양 아래 잠시만 나와 있어도 땀방울이 줄줄 흐르는 날이었습니다. 칠보산 입구경기도 수원 까지 걸어가는 도중 긴호랑거미, 산왕거미 등을 PD에게 설명하면서 촬영을 시작했습니다. 긴호랑거미의 흰띠에 관해 자세하게 설명하고, 산왕거미의 거미줄이 얼마나 질긴지에 대해 중점적으로 이야기해 주었습니다.

비포장도로를 걸어가면서 PD가 거미 채집 방법도 알려달라고 해 광목천으로 된 스위핑 망을 좌우로 흔들어 쓸어잡는 법과 거미를 채집한 다음 알코올에 액침하는 장면을 보여주기로 했습니다. 그때 마침 강아지풀 위에 머무르고 있던 적갈어리왕거미를 잡아 액침하는 장면을 보여주었고, 촬영이 끝나자마자 곧바로 액침 병에서 꺼내 주었습니다.

그러자 거미는 술 취한 사람처럼 8개의 다리를 제대로 가누지 못하고 흐느적거리기 시작했습니다. 서 있는 것조차 힘들어 보였으며, 다시 강아지풀 위에 내려주었지만 정상적인 행동은 보이지 않고 발톱을 이용해 풀잎에 간신히 매달리기만 했습니다. 행여 죽은 것은 아닐까 걱정하면서 날이 저물어 집으로 돌아왔습니다. 다음 날 적갈어리

1 다리 8개와 눈 8개가 선명하게 보이는 적갈어리왕거미. 몸 전체가 가시처럼 단단한 털로 무장되어 있다.
2 낮은 산림의 나뭇가지나 풀 사이에 세로로 된 원형 그물을 치고 사는 적갈어리왕거미 암컷이 나뭇잎 위에
잠시 머무르고 있다. 3 마른 나뭇가지에서 위협을 느꼈는지 잔뜩 움츠리고 있는 적갈어리왕거미 수컷으로
눈과 더듬이다리가 선명하게 보인다. 4 거미들의 대표적 천적인 대모벌류에게 잡아먹히는 적갈어리왕거미
수컷. 아직 더듬이다리 기관이 발달하지 못한 것으로 보아 아성체다.

왕거미가 어떻게 되었는지 궁금해 찾아가 보았습니다. 이 녀석, 술이 다 깨었는지 정상적으로 거미줄도 치며 강아지풀에 은신해 있어 다행이라고 생각했습니다.

거미들이 무중력 상태와 환각 상태에서도 거의 정상적으로 거미그물을 친다는 인터넷 뉴스를 본 적이 있습니다. 공업용 알코올은 사람이 마시는 술이 아니지만, 액침병에 빠졌던 적갈어리왕거미에게는 매우 독한 술을 마신 것과 같은 영향을 미칩니다. 독한 술을 먹고도 어느 정도 시간이 지나면 거미그물을 다시 칠 수 있는 대단한 능력을 가진 거미, 다시 한 번 거미를 생각해보는 기회가 되었습니다.

무중력, 환각 상태에서도 거미그물을 칠 수 있습니다

거미가 무중력 혹은 환각 상태에서도 정상적으로 거미그물을 치는지 확인하기 위해 미국 항공우주국(NASA)은 1973년, 2003년, 2008년 호주거미(Golden Orb spider)를 이용해 우주에서 무중력 실험을 실시했습니다. 또한 대마의 잎이나 꽃을 이용해 만든 마약의 일종인 마리화나, 향정신성 물질인 엑스터시, 중추 흥분작용을 하는 카페인을 먹이는 실험도 했습니다. 그 결과 정상정인 상태와는 많이 다르지만 어느 정도 비슷한 거미그물을 칠 수 있다는 것을 확인했습니다.

호랑거미

흰띠 거미그물 잣는 디자이너

2006년 6월 25일, 충남 태안군에 있는 꽃지해수욕장으로 친구 가족들과 여행을 간 적이 있었어요. 여행에 대한 설렘으로 통나무 펜션 곳곳을 둘러보고 있는데 갑자기 아들의 다급한 목소리가 들려왔습니다.

"아빠! 빨리 와보세요. 이곳에 호랑거미가 있어요."

짐을 내리던 나는 늘 보아왔던 거미라 못 들은 척하고 하던 일을 계속했습니다. 그러자 아들은 뛰어와 내 팔을 잡아끌기 시작했습니다.

지그재그 모양의 흰띠를 치고 있는 암컷 호랑거미가 바퀴통에서 먹이가 걸리기를 기다리고 있다.

"아빠! 호랑거미가 있다니까요? 내가 먼저 발견했어요." 난 어쩔 수 없이 아들 손에 이끌려 통나무집 한구석으로 걸어갔어요. 아들 말대로 호랑거미가 통나무와 통나무 사이에 자신만의 은신처를 만들고 먹이를 기다리고 있었습니다. 반가운 마음에 "거미야 안녕!" 하고 인사를 나눈 뒤 습관적으로 카메라를 들고 사진을 찍기 시작했습니다.

호랑거미는 대개 연못 주변이나 저수지, 개울가, 논두렁과 냇가 등에 사는데 이 녀석은 통나무 펜션까지 올라왔네요. 펜션에서 살고 싶었나 봐요.

호랑거미는 배에 호랑이무늬와 같은 진갈색과 노란색 띠가 교차해 늘어져 있어 호랑거미라는 이름이 붙었어요. 거미그물은 세로로 된 원형 그물을 짓고, 그물 중심에 머물며 먹이를 잡아먹는데, 사마귀와 같은 큰 곤충이나 새들이 접근하면 다리로 거미그물을 잡고 앞뒤로 세게 흔들어댑니다.

호랑거미는 개울, 연못, 저수지 등 물가 근처에 주로 살며, 짝짓기 시기가 되면 암컷의 거미그물에 수컷이 더불어 살며 때를 기다린다.

1 작은 곤충이 도망가지 못하도록 포획해 갈무리하고 정신없이 먹이를 먹는 암컷 호랑거미. 2 암컷의 세로로 된 완전 원형 그물에서 더부살이를 하고 있는 수컷. 암컷에 비해 크기도 작을 뿐더러 거미그물도 암컷의 거미그물 안에 있는데 끈끈한 점액성이 없어 먹이를 잡을 수도 없다. 3 안전줄을 내고 아래로 내려오고 있는 수컷 호랑거미.

이 같은 행동은 거미줄에 진동을 주어 큰 곤충이나 새들이 정확하게 공격하지 못하도록 만들고, 거미의 위치가 잘 보이지 않게도 합니다. 진동 횟수는 상황에 따라 다르겠지만 관찰 결과 40회 정도였고, 효과가 없다고 느껴지면 거미줄을 타고 삼십육계 줄행랑을 칩니다. 천적의 눈을 속이려 애써 노력했는데 영 효과가 없는 경우도 있지요.

호랑거미가 거미그물 중앙에 머물러 있을 때는 특별한 일이 없으면 머리를 땅 쪽으로 향하고 있는데, 이것은 새와 같은 천적들이 공격하면 거미그물 중앙에 안전실 한 가닥을 매달고 아래로 뚝 떨어져 공격을 피하기 위해서랍니다.

거미 싸움에 대해 아시나요?

일본 카고시마현 아이다시 카지키 마을에서는 매년 6월 셋째주(2011년에는 6월 19일 개최) 거미에 관련된 특별한 행사인 거미싸움대회가 개최됩니다. 일본 선택무형민속 문화제로 지정될 만큼 유명한 행사로 400년이 넘는 전통을 지니고 있습니다. 남녀노소 누구나 참여할 수 있으며, 암컷 호랑거미를 나뭇가지 위에 놓고 싸움을 벌이는데, 서로 싸우다가 상대방의 거미줄을 자르면 승리하는 게임입니다. 거미를 이용해 상대방을 죽게 하는 것이 아니라 경기 자체를 즐긴 뒤 끝나면 원래 채집했던 장소에 다시 풀어줍니다. 농번기를 마치고 잠시 휴식을 즐기기 위한 행사로, 과거에는 전쟁터에 나간 병사들이 굳은 의지를 다지기 위해 행했던 행사라고 전해집니다.

1 일본 카고시마현 카지키마을 회관 전경. 2 거미 싸움 행사장.

긴호랑거미

내 몸은 내가 지킨다, 진동의 명수

긴호랑거미의 배도 호랑거미처럼 노란색과 검은색 무늬가 번갈아 줄지어 있으며, 머리 쪽에서 볼 때 배 부분의 3번째 줄무늬가 영어 알파벳 M자를 길게 늘여놓은 모습이거나 산 모양의 무늬인 점이 특징입니다. 호랑거미에 비해 배 모양이 긴 방패 모양을 하고 있어서 긴호랑거미로 불리게 된 것 같아요.

어릴 때는 다 자란 긴호랑거미와 다소 차이를 보이며 흰띠 모양도 성체와 달리 소용돌이 형태입니다. 그러다 다 자라면 거미그물 중앙

냇가, 호수 주변, 저수지 등 물가 근처의 나뭇가지나 식물의 풀 사이에 세로로 된 원형 그물을 치고 사는 긴호랑거미 암컷.

에 세로로 된 I 자 모양의 흰띠를 지그재그로 치고 머무릅니다. 위협을 느끼면 거미그물을 좌우로 흔들어 진동을 준답니다. 진동을 주면 상대방이 깜짝 놀라 도망가거나 겹눈이 여러 개인 사마귀 같은 곤충들은 거미가 있다는 것을 알지 못하고 지나쳐 가기 때문이지요.

2006년 7월 어느 비 오는 날, 저수지 주변으로 거미 탐사를 간 적이 있습니다. 거미들이 비를 피하는 방법이 몹시 궁금했거든요. 우산을 들고 저수지 주변으로 갔습니다. 빗속에 많은 종류의 거미들은 보이지 않았지만 가장 눈에 띈 것이 바로 긴호랑거미였습니다. 반가운 마음에 뛰어가 자세히 관찰하려고 자세를 잡았어요.

완전 성숙한 긴호랑거미는 I자 형태의 흰띠를 치지만 어린 유체의 경우 불규칙한 지그재그 모양의 굵은 띠를 만든다.

　암컷과 수컷 거미가 거미그물 내에 같이 살고 있었지만 수컷은 암컷에게 잡아먹힐지 몰라 저만치 떨어져 있었습니다. 빗줄기가 계속 굵어지자 거미그물 중앙에 있던 암컷 거미는 거미줄 바깥쪽으로 이동, 풀잎 밑에 숨어 빗방울을 피했습니다. 수컷은 암컷이 움직이기 이전에 풀잎에 숨어 비를 피하고 있었고요. 긴호랑거미들이 비를 피하는 방법은 거꾸로 매달린 상태에서 비 맞는 면적을 최대한 적게 만들거나 풀잎 뒤에 숨는 것뿐인 듯합니다. 굵은 빗줄기를 그냥 맞고 사는 거미가 불쌍하다는 생각이 들었습니다.

　하지만 비 때문에 아주 멋진 광경을 보기도 했습니다. 긴호랑거미

1 풍뎅이를 갈무리해 놓은 긴호랑거미의 싸개띠.
2 비 오는 어느 날 암컷과 수컷이 비를 피해 풀잎 아래 머무르고 있다.

1 긴호랑거미 아성체의 흰띠가 선명하게 보인다. 흰띠는 먹이인 곤충들을 유인하는 고도의 포획 전략 중 하나다. 2 둥근 단지 모양의 알주머니를 나뭇가지와 풀숲, 건물 사이에 매달아 논다. 3 갓 허물벗기를 마친 암컷에게 수컷이 짝짓기를 하려는데, 훼방꾼이 나타나 경쟁을 하고 있다.

거미그물에 영롱한 이슬방울이 맺힌 것입니다. 끈끈한 점액성을 지닌 가로줄 사이로 수백 수천 개의 이슬방울들이 반짝거리고 있었습니다. 마치 밤하늘의 별들이 거미줄로 내려와 매달린 듯한 광경이었지요. 비 오는 날이나 비 오고 난 후 들과 산으로 나가 보세요. 거미줄에 매달린 신비롭고 아름다운 이슬방울을 볼 수 있을 것입니다.

우리나라에서 호랑이의 의미는?

호랑이는 곰과 함께 단군신화에 등장하고, 『삼국지위지동이전』에는 산중군자로 표현하거나 신으로 모셨으며, 그 용맹성 때문에 나쁜 기운을 쫓아내는 수호신으로 등장하기도 합니다.

우리나라에는 특히 호랑이와 관련된 지명이 많은데, 범바위골, 호암리, 호동리, 저고리골, 솔미골 등이 있으며, 호랑이를 길흉화복의 사자로 여기기도 했습니다. 무서움과 날렵함 때문에 사람을 지켜주는 수호신으로서의 호랑이 그림이 있는가 하면(보현 산신각, 내소사 삼신각), 궁중음악에 쓰이던 나무 타악기인 어(敔)에는 엎드린 호랑이 모습이 들어가 있고, 신부 가마에는 호랑이가죽(호피)이나 호랑이 무늬로 된 덮개를 씌워 나쁜 기운을 막았습니다. 2010년에는 호랑이해를 맞이해 한 신문사에서 한 해의 건강함을 기원하고 액운을 방지하는 목적으로 국립민속박물관에 부적을 제공한 바 있습니다.

1 내소사 산신각의 호랑이 그림. 2 호랑이 부적.

꼬마 행위예술가

우리나라에 살고 있는 호랑거미속의 거미는 모두 4종이며, 그 중 가장 작은 거미가 바로 꼬마호랑거미입니다. 배는 방패 모양이며 앞쪽에 은색 무늬가 있고 뒤로 갈수록 폭이 넓은 빨간색 가로 무늬가 늘어져 있습니다.

꼬마호랑거미를 관찰한 곳은 제주도 서귀포의 외돌개 지역과 경기도 수원의 칠보산, 한국거미박물관이 있는 경기도 남양주시 운길산 등으로 주로 산림지역입니다. 외돌개에서 관찰한 꼬마호랑거미의 거미그물은 줄자로 재어보니 28~30센티미터였습니다[2006. 9. 8]. 암컷 꼬마호랑거미는 거미그물 중앙에 머무르고 있었는데, 그 위와 아래에 X자 모양의 흰띠가 쳐져 있었습니다.

거미그물이 얼마나 끈끈한지 알아보려고 손가락으로 가로줄을 눌러 보았어요. 세로줄도 어느 정도 끈끈한 점액성이 있었지만, 사냥터로 이용되는 가로줄은 세로줄보다 더 끈끈해 손끝에 붙어 달려오다가 다시 원상태로 돌아갔습니다. 꼬마호랑거미의 행동을 보기 위해 볼펜 끝을 몸에 접근시키자 최대한 몸을 뒤로 빼며 까치발 세우듯 위로 치켜들다가 진동을 일으키거나 거미그물 반대편으로 이동하네요.

칠보산에서 관찰한 꼬마호랑거미는 아직 어리기 때문에 거미그물

1 X자형의 흰띠를 치고 세로로 된 원형 그물에서 먹잇감을 기다리고 있는 암컷 꼬마호랑거미. 2 꼬마호랑거미는 외부의 자극에 매우 민감해 위협을 느끼면 진동을 일으키거나 바로 땅 쪽으로 안전실을 내고 급하게 내려온다.

의 크기도 작아 18~20센티미터 밖에 되지 않았습니다2008. 7. 13. 암컷 옆 조금 떨어진 곳에 수컷도 보입니다. 입김을 불어 반응을 보니 거미줄을 타고 주변 나뭇잎 뒤로 숨기도 하고, 간혹 땅으로 떨어져 곤두박질치는 경우도 있네요. 괜히 미안한 마음이 들었습니다.

7월과 9월 초까지는 알집이 보이지 않았으나, 10월 초순경 한국거미박물관 입구에서 뾰족한 나뭇잎 모양의 다각형 알집을 보았습니다2009. 10. 4. 꼬마호랑거미의 알 수가 몇 개인지 궁금했으나, 손이 닿지 않는 높은 곳에 있어 확인할 수는 없었어요. 다음 기회에 알의 개수를 세어보아야겠습니다.

1 꼬마호랑거미 암컷은 세로로 된 정상 원형 그물을 치는데, 사진 속의 꼬마호랑거미는 바퀴통을 중심으로 위쪽보다 아래쪽에 거미그물을 더 늘여 침으로써 보다 많은 먹잇감을 잡을 수 있게 해놓았다. 2 꼬마호랑거미는 편평한 다각형 알주머니를 만들어 거미그물 위에 붙여 놓는다. 3 조밀하게 친 X자형 꼬마호랑거미 흰띠. 꼬마호랑거미의 흰띠는 X자형만이 아니라 옆으로 누운 T자형, V자형, ∧형 등 다양한 모양이 있다. 4 꼬마호랑거미는 평지보다 약간 높은 해발 100~200미터의 야산 등산로 주변에 주로 서식한다.

꼭꼭 숨어라! 거미 보일라

먼지거미속에는 배 부분에 돌기와 같은 혹이 있는 거미 4종이 있습니다. 혹의 개수에 따라 셋혹먼지거미, 넷혹먼지거미, 여섯혹먼지거미, 그리고 가장 많은 8개의 혹이 있는 여덟혹먼지거미가 있습니다. 여덟혹먼지거미의 혹돌기은 배 부분에 있는데, 등의 앞쪽에 2개 뒤쪽에 6개가 있습니다.

여덟혹먼지거미의 세로로 된 원형 그물을 살펴보았습니다. 세로줄 수를 세어보니 영월에서 관찰한 것이 14개2006. 5. 21, 제주에서 관찰한 것은 22개였습니다2009. 9. 9. 가로줄 수도 15개인 것과 그 이상인 것이 있어 각각의 개체나 성장 정도에 따라 다른 것 같았습니다. 제주에서 관찰한 거미그물의 크기는 7~8센티미터로 작은 편이었고, 중앙에는 1자 모양으로 된 이물질이 길게 늘어져 있었습니다. 이물질은 무당벌레와 같은 딱정벌레의 등딱지, 노린재나 잠자리 등의 날개였고, 거미의 허물이나 흙먼지, 나무껍질 등도 다양하게 늘어놓고 있었습니다. 여덟혹먼지거미는 그 가운데 숨어 있었으므로 자세히 관찰하지 않으면 발견하기 어려웠습니다.

2009년 7월, 아내와 광릉수목원에 갔습니다. 소나무 사이에서 여덟혹먼지거미 거미그물을 발견하고 장난기가 발동해 아내에게 거미

1 바퀴통을 중심으로 먹고 난 곤충들의 사체, 허물, 티끌, 먼지 등을 I자 모양으로 매달고 위장하는 데 요긴하게 활용한다. 2 여덟혹먼지거미의 알집으로 마치 긴 대롱 같다. 작은 새끼 3마리가 세상 밖으로 나오고 있다 (2009년 7월 2일, 새끼의 수 226마리). 3 수컷의 정액그물.

를 찾아보라고 했지요. 아내는 거미그물을 요리저리 살펴보더니 "거미가 어디 있어. 거짓말 하네" 했습니다.

"잘 봐. 분명 거미가 있다니까?"

"없어. 난 아무리 찾아봐도 없는데…."

"없다고? 봐, 여기 거미그물 가운데 있잖아!" 하면서 손끝으로 여덟혹먼지거미가 있는 곳을 가리켰지요.

아내는 신기한 듯 거미그물을 살펴보면서 "진짜 거미가 있네" 하는 것이에요. 먼지덩어리로 된 세로줄에 숨어 있는 여덟혹먼지거미는 몸의 색깔과 먼지 덩어리가 똑같아 움직이지 않으면 잘 알 수 없습니다. 자신의 몸을 보호하기 위한 수단으로 보호색을 띠는 것과 같습니다. 여덟혹먼지거미는 다른 거미들과 달리 먹이그물을 새로 칠 때도 먼지 덩어리를 버리지 않는답니다. 먼지 덩어리를 먼저 옮겨 놓고 그 주변에 원형 거미줄을 친다니, 여덟혹먼지거미에게 먼지 덩어리는 재산 목록 1호인 셈이네요.

암컷 여덟혹먼지거미의 거미그물 안에 수컷이
이웃해 작은 거미그물을 만들었다.

큰새똥거미

위장술의 고수

꽃피는 봄이면 거미 채집을 하기 위해 산을 찾는 경우가 많습니다. 2010년 4월 3일, 친한 선배와 같이 이승복기념관이 있는 강원도 평창 노동리로 채집을 갔습니다. 선배는 잎이 나지도 않은 두릅나무를 이리저리 살펴보고 있습니다.

"형! 두릅 잎이 나오지도 않았는데, 두릅나무에서 뭐해요?"

선배는 "기다려봐 보여줄 게 있으니…" 하면서 계속 관찰을 합니다.

"형 뭔데요?"

"기다려 보라니까."

선배는 계속 살피다가 이윽고 "여기 있다. 이리 와봐" 했습니다.

나는 카메라를 들고 단숨에 뛰어갔습니다. 도대체 어떤 놈이기에? 호기심 가득한 눈을 하고 두릅나무를 쳐다보았습니다. 처음엔 두릅나무만 보이다가 나무의 가시 사이에 숨어 있는 곤충 한 마리를 발견했지요. 하늘소인 건 알겠는데, 도대체 무슨 종인지 궁금해 물었습니다.

"형 이게 무슨 하늘소지?"

"새똥하늘소야" 하고 선배가 종 이름을 알려주었습니다. 두릅나무의 새순을 먹는 새똥하늘소는 새똥과 비슷한 무늬를 갖고 있어 자세히 보지 않으면 새똥으로 착각하고 지나칠 것 같았습니다. 그래서 새똥하늘소라는 이름을 갖게 되었구나 생각이 들었지요.

거미 이름 중에도 새똥거미가 있습니다. 민새똥거미, 거문새똥거미, 붉은새똥거미, 큰새똥거미 등 4종이 있는데, 그 중 가장 보기 쉬운 종이 바로 큰새똥거미입니다. 큰새똥거미는 낮에 나뭇잎 뒷면에 붙어 숨어 있다가 밤에 원형 그물을 치고 먹이를 잡아먹지요. 머리가슴은 황색을 띠고 배의 윗면은 둥근 삼각형으로 하트 모양과 비슷합니다.

나뭇잎 뒤에 숨어 있을 때는 다리를 몸 쪽으로 당겨 웅크리고 있으며, 배 윗면에 있는 커다란 눈알 모양 2개 때문에 나뭇잎 위에 떨어진 새똥과 비슷합니다. 나뭇잎 주변에 방추형으로 된 알집 1~3개가 매달려 있는데, 어미 거미가 알을 보호하기 위해 알집 주변에 머무릅니다.

여섯뿔가시거미를 아시나요?

우리나라에는 살지 않지만 새똥거미와 같은 과에 속하는 보라스거미는 먹이 포획 방법이 매우 특이합니다. 간단한 거미줄을 치고 옆으로 누운 자세에서 거미줄 끝에 끈적임이 강한 점액성 볼을 만드는데, 그 점액성 볼은 암컷 나방들이 수컷 나방들을 유혹할 때 내는 물질(성페로몬의 일종)과 유사하다고 합니다. 성페로몬에 끌려 수컷 나방들이 날아오면 보라스거미는 해머 던지듯 볼을 던져 나방들을 포획합니다. 2~3종의 냄새를 자유자재로 풍길 수 있어 여러 종의 수컷 나방을 유인해 잡아먹는다고 합니다.

거미의 또 다른 능력을 알 수 있는 내용입니다. 우리나라에 살지 않기 때문에 사진이나 TV를 통해서만 봐야 하는 게 아쉽지만, 너무 실망하지는 마세요. 우리나라에도 이와 같은 방법으로 나방류의 먹이를 포획하는 거미가 있으니까요. 그 거미는 바로 여섯뿔가시거미입니다. 강원도 쌍용, 경북 봉화의 청량산에서 관찰되었다는 이야기를 들은 적 있습니다. 가까운 지역에 사는 분들은 7월에서 9월까지 관찰되니 야간에 손전등을 들고 찾아보면 좋을 것 같습니다.

1 보통 낮은 산의 활엽수에 서식하는 암컷 큰새똥거미가 인가 주변 콩밭의 콩잎 뒤에 숨어 있다. 2 원형 거미줄을 만들기 위해 이동 중이다. 3 짝짓기 하려는 새똥하늘소 암컷과 수컷. 4 활엽수 밑에 황갈색 다각형 알주머니를 매달고 숨어 있는 큰새똥거미. 5 다각형의 알주머니는 1개에서 많게는 3개까지 있다. 6 큰새똥거미 거미그물을 채집해 표본한 후 코팅해 찍은 사진.

덤빌 테면 덤벼 봐, 콕 찔러 줄거야

2003년 7월 어느 날, 성남에 있는 맹산을 방문하게 되었습니다. 생태 안내자들에 대한 거미 강의 때문이었지요. 아파트 주차장에 차를 세워 놓고 등산로를 따라 걸어 올라갔어요. 반딧불이를 보호하기 위해 나무 울타리가 둘러져 있고, 그 위를 가시개미가 줄을 지어 이동하고 있었습니다. 가시개미는 벌목 개미과의 곤충으로 가슴과 배자루에 가시처럼 돌기가 있는 것이 특징이에요. 가시는 천적들로부터 자신을 보호하는 수단인데, 거미 중에도 가시개미처럼 가시로 무장

1 가시거미는 낮은 산의 등산로 주변에서 관찰할 수 있다. 위협을 느낀 암컷 가시거미가 잎 위에서 잔뜩 움츠리고 있다. 2 암컷 가시거미의 주사전자현미경 사진. 가시 돌기 6개가 보이며, 몸 전체에 많은 털들이 덮여 있다.

한 녀석이 있답니다. 바로 가시거미입니다.

 가시거미의 배는 둥근 반달 모양으로 생겼으며, 뾰족한 가시 돌기가 6개 있습니다. 우리나라에 서식하는 모든 거미류 중 가시가 있는 종은 가시거미뿐입니다. 가시를 손끝으로 눌러보면 제법 따갑습니다. 만약 새들이 가시거미를 잡았다 하더라도 쉽게 먹기는 힘들 것 같네요. 아무래도 가시 때문에 목에 걸리지 않을까요.

 우리나라에 살고 있는 가시거미는 7월 이후에나 발견 됩니다. 주로 환경이 좋은 야산에 사는데, 거미그물만 유심히 보아도 가시거미인지 쉽게 구별할 수 있어요. 가시거미의 거미그물은 주로 암컷이 만듭니다. 사람의 왕래가 비교적 적은 나무와 나뭇가지 사이에 거미그물을 만드는데, 그 높이는 사람의 머리 또는 그 보다 다소 높은 곳에서 발견됩니다. 모양은 삼각형이며, 세로로 된 원형망 형태입니다. 다른

가시거미 거미그물 가운데 암컷이 보인다. 외부 자극에 민감해 사람이 접근하면 바로 땅 쪽으로 내려간다.

거미그물과의 차이는 거미그물 외각 기초실에 일정한 간격으로 굵은 실뭉치 같은 점선이 이어져 있는 것입니다. 가시만 보아도 가시거미를 구분할 수 있는데 거미그물 또한 다른 거미그물과 확연하게 다르지요.

가시거미 거미그물에 먹이가 걸렸습니다. 거미그물 중앙에 머무르고 있던 녀석은 한 가닥의 안전실을 내면서 먹잇감이 있는 쪽으로 이동해 재빠르게 먹이를 포획합니다. 거미그물 아래쪽에는 곤충의 사체들이 한데 뭉쳐 걸려 있네요. 마치 다 쓰고 난 쓰레기를 모아두는 장소 같습니다.

가시거미를 잡으려고 손을 뻗으니 이내 땅으로 떨어져 죽은 척합니다. 거미에게 속을 내가 아니니 가시거미를 잡아 생태 안내자들에게 보여주었습니다. "너무 이쁘다"고 야단입니다.

내년에 또 만나기 위해 살려 보내주었습니다.

가시거미 암컷이 완전 원형 그물을 치는데, 외각 기초실에 굵은 점선 모양이 군데군데 보인다.

거미 세계의 황진이

2007년 10월 3일, 공룡알이 발견된 경기도 화성 우음도를 찾아갔어요. 바닷가에 사는 염생식물들이 참 많았습니다. 함초가 눈에 보입니다. 안내 선생님의 말씀을 들으면서 함초를 조금 따서 씹어보았습니다. 바닷가에 사는 식물이라 그런지 짠 맛이 났어요.

공룡알 화석지를 둘러보고 개인시간에 사진촬영을 했답니다. 넘실거리는 갈대와 억새풀이 아름다워 사람들은 사진 찍기에 정신이 없었습니다. 그때 어린 꼬마 하나가 "거미 박사님. 억새풀 사이에 거미가 있어요" 하고 소리를 질렀어요. "그래, 알았어" 꼬마 녀석의 손에 이끌려 억새풀 사이로 걸어갔지요. 순간 거미는 거미그물에 나와 있다가 빠르게 은신처로 도망 갑니다.

"그래 어디보자, 어떤 거미인가?"

"응, 기생왕거미구나."

"기생왕거미라고요?"

꼬마 녀석은 아리송한 표정으로 내 눈을 바라보았습니다.

"박사님! 그런데 왜 기생거미라고 부르나요?"

일부 거미 전문지에서는 기생왕거미의 기생이란 '응애나 신느기 능의 피해를 많이 입어 기생왕거미라고 부른다'고 기재되어 있지만, 이

1 은신처에 숨어 있는 암컷 기생왕거미. 인가 주변, 비닐하우스, 호수, 논, 염습지 등에 널리 분포하며 세로로 된 원형 그물을 치고 먹이를 잡아먹는다. 2 기생왕거미 은신처 그림. 3 다 성숙한 기생왕거미의 거미그물은 긴 가로 쪽이 25~30센티미터, 세로 쪽이 20~25센티미터인 세로 원형 그물이다.

는 사실이 아닌 것 같아요. 우음도에서 하루에 기생왕거미 49마리를 채집해 보았지만 한 마리도 응애나 진드기에게 기생당하는 모습을 보지 못했고, 10여 년 이상 채집한 결과에서도 응애나 진드기의 피해는 한 번도 없었으니까요.

우리나라 최초의 거미 박사인 김주필 선생님 말씀에 따르면 "기생왕거미의 기생이란 예쁘다는 뜻"이며, 특히 기생왕거미의 은신처가 여성들이 바느질할 때 쓰는 하얀 골무를 닮은 것으로 보아 기생이란 "예쁜 여성을 뜻하기도 하고, 여성의 골무를 뜻하기도 한다"는 것입니다. 나비 중에도 나는 힘이 약하고 여려 보여 가련한 기생의 모습을 닮아 기생나비라고 이름 붙여진 종이 있지만 기생왕거미는 나약하거나 여려 보이지는 않습니다. 이와 같은 정황으로 볼 때 배의 색깔이 분칠을 많이 해 희게 보여서 예쁘다는 의미가 맞는 것 같습니다.

우음도에서 채집한 기생왕거미는 49마리 중 암컷이 47마리였고, 크기는 1센티미터 내외였습니다. 수컷은 7~8밀리미터로 2마리뿐이었고요. 거미는 자연 상태에서 수컷의 개체수가 암컷의 개체수보다 현저하게 적다는 사실을 다시 확인한 기회였습니다. 거미를 연구하면서 어려운 점 중 하나가 다 성숙된 거미를 채집하는 것, 그 중에서도 수컷을 채집하는 것이랍니다.

1 은신저 수변에서 배회하고 있는 수컷 기생왕거미. 낮에는 주로 은신처에 머무르고 저녁에 먹이 활동을 한다. 2 배의 색깔이 엷은 주홍색을 띠는 암컷 기생왕거미. 3 강아지풀을 말아 은신처를 만든 암컷 기생왕거미 4 우음도 공룡알 산출지 안내도. 5 우음도의 공룡알 관찰지 탐사. 6 풀잎을 말아 은신처를 만들었다.

1 2 3 4 5 6

새로운 공룡 코리아케리콥스 화성엔시스를 아시나요?

우음도는 행정구역상 경기도 화성시 송산면 고정리에 속하는 지역으로 1999년 시화호 방조제가 만들어지면서 드러난 아주 넓은 간척지입니다. 이곳은 중생대 백악기 지층 시대의 30여 개 공룡알 둥지와 160여 개 공룡알이 처음으로 발견된 곳입니다. 지금까지 알려지지 않았던 새로운 공룡인 코리아케라톱스 화성엔시스로 명명된 공룡알이 발견되어 학자들이 비상한 관심을 갖기도 했지요.

우음도에는 새로운 공룡알과 더불어 여러 종의 거미들이 서식하고 있는데, 2005년 조사 결과 다음과 같은 16종이 서식하는 것으로 나타났고, 그 중에서도 가장 많이 조사된 종이 바로 기생왕거미입니다.

우음도에 사는 거미
- **갈거미과 Tetragnathidae**
1. 무당거미 *Nephila clavata*
- **왕거미과 Araneidae**
2. 기생왕거미 *Larinioides cornutus*
3. 긴호랑거미 *Argiope bruennichi*
4. 호랑거미 *Argiope amoena*
5. 각시어리왕거미 *Neoscona adianta*
- **새우게거미과 Phiodromidae**
6. 창게거미속 일종 *Thanatus* sp.
- **늑대거미과 Lycodidae**
7. 별늑대거미 *Pardosa astrigera*
8. 각시늑대거미 *Pardosa laura*
9. 황산적늑대거미 *Pirata subpiraticus*
- **염낭거미과 Clubionidae**
10. 각시염낭거미 *Clubiona kurilensis*
- **게거미과 Thomisidae**
11. 꽃게거미 *Misumenops tricuspidatus*
12. 범게거미속 일종 *Tmarus* sp.
13. 잠게거미속 일종 *Xysticus* sp.
- **깡충거미과 Salticidae**
14. 살깃깡충거미 *Mendoza elongata*
15. 수검은깡충거미 *Mendoza canestrinii*
16. 살깃깡충거미속 일종 *Mendoza* sp.

각시어리왕거미

예쁜 각시를 닮았대요

갓 시집온 여자를 새색시 또는 각시라고 부릅니다. 우리나라에 살고 있는 예쁜 거미를 뽑아보라면 주홍거미, 무당거미, 비단왕거미, 부석왕거미, 호랑거미류 등을 말할 수 있으며, 각시어리왕거미도 빼놓을 수 없습니다. 한글 이름을 처음 붙여주신 분이 '새색시각시처럼 예쁜 거미'라고 생각한 듯합니다.

우리나라 전역에 걸쳐 살고 있는 각시어리왕거미는 연못이나 논, 수로, 습지, 저수지 등 물이 있는 근처에서 많이 발견되지만, 간혹

세로로 된 원형 그물 안에 머무르고 있는 각시어리왕거미 암컷.

물과 다소 떨어진 산지에서도 보이곤 합니다. 다른 왕거미류와 마찬가지로 세로로 된 둥근 원형 그물을 만들어 먹이 사냥을 합니다. 거미의 크기가 클수록 원형 그물의 크기도 커지는데, 그 길이가 짧게는 10센티미터부터 길게는 50센티미터에 이릅니다. 원형 그물의 지름은 약 17센티미터로 조사되었습니다.

오늘 관찰할 거미는 평택 덕지산 주차장 근처에 살고 있는 녀석입니다2009. 9. 15. 작은 절의 주차장 주변은 칡과 환삼덩굴, 닭의장풀, 아까시나무 등 여러 식물들이 어우러져 있었고, 그 한구석 모퉁이에 각시어리왕거미가 터전을 잡고 있었습니다.

세로형 원형 그물을 치고 거미그물 가운데 바퀴통에서 먹이를 기다리고 있던 녀석이 내 인기척을 느끼자 허둥지둥 거미줄을 타고 식물체로 도망갔다가 어느 정도 시간이 흐르자 거미그물 중앙으로 되돌아왔습니다. 삼각대에 카메라를 설치하고 거미의 움직임을 살피고 있는데, 갑자기 둥글노린재가 날아들어 거미그물에 걸리게 되었습니다. 그러자 먹이를 기다리던 녀석은 재빠르게 거미줄을 타고 노린재가 걸린 곳으로 이동한 뒤 자신의 몸을 지탱해 줄 안전줄만 남기고 둥글노린재가 걸린 주변의 모든 거미그물을 입으로 물어 끊어 노린재를 거미그물의 아래로 늘어뜨렸습니다.

노린재의 저항이 점점 줄어들자 각시어리왕거미는 앞쪽 다리 3쌍를 이용해 거미줄을 잡고 실젖에서 연신 거미줄을 뽑아 마지막 넷째 다리로 노린재를 표박했습니다. 노린재가 힘이 빠져 어느 정도 제압이 되었다 싶으니까 노린재의 몸 위쪽으로 올라가 거미줄을 이용해

1 각시어리왕거미는 논 주변에 거미그물을 치고 이화명충 같은 해충을 잡아먹기도 한다. 2 각시어리왕거미가 고춧잎을 말아 은신처를 만들고 그 안에 은신해 있다. 기생왕거미의 은신처보다 엉성해 안을 쉽게 들여다볼 수 있다. 3 은신처를 배회하고 있는 암컷 각시어리왕거미. 4 각시어리왕거미의 원형 그물에 이슬이 맺혀 있다. 이슬을 제거하지 않으면 먹이를 잡지 못한다. 5 조밀하게 만들어진 각시어리왕거미 거미그물. 전체 원형의 크기는 28센티미터에 이른다.

노린재를 회전시키며 갈무리합니다. 마치 공중에서 서커스하는 단원이 안전줄 한 가닥에 의지한 채 공중제비를 도는 듯한 모습이었습니다.

실젖에서 나온 거미줄로 연신 포박하면서 노린재를 팽이 돌리듯 오른쪽으로 돌리고 다시 왼쪽으로 돌리며 갈무리 작업을 완성했습니다. 갈무리가 끝나자 거미는 너무 많은 에너지를 소모했다는 듯 잠시 거미그물 중앙에서 쉬다가 다시 먹잇감이 있는 곳으로 내려와 독이빨로 마취액을 주입합니다. 몸을 좌우로 흔들며 마취액이 노린재의 몸으로 들어가기 좋은 자세를 취하기도 합니다.

노린재가 걸렸던 거미그물 아랫부분 중앙에는 커다란 구멍이 생겼습니다. 거미에게는 사냥을 위한 불가피한 손실인 것입니다. 잠시 후 각시어리왕거미는 거미줄에 매달린 노린재를 포클레인으로 끌어올리듯 거미그물 중앙으로 끌어올려 매달아 놓고 이미 소화된 노린재를 마치 주스 먹듯이 빨아먹기 시작합니다.

연두어리왕거미

산 정상은 내가 접수한다

2007년의 화창한 5월, 겨우내 보이지 않던 거미들 생각에 아내와 같이 칠보산에 올랐습니다. 산을 오르는 사람들이 겨울보다 훨씬 많아졌고, 초록잎으로 겨울을 지키던 소나무뿐 아니라 많은 나무들이 초록세상을 만들고 있었습니다. 새롭게 자라난 신갈나무와 졸참나무 잎이 바람에 흔들리고 아까시나무는 새하얀 이를 드러내듯 함박 웃으며 꽃을 피웠습니다.

암컷 연두어리왕거미가 활엽수에 단단히 거미줄을 고정시키고 이동할 준비를 한다.

1 연두어리왕거미는 인가 주변보다는 낮은 야산의 정상 부근에서 만날 수 있다. 수원에 있는 칠보산 정상 부근에 연두어리왕거미 서식지가 있다. 2 바퀴통에서 먹이를 먹고 있는 암컷. 연두어리왕거미는 세로로 된 원형 그물을 만든다.

칠보산 입구에서부터 산의 중턱까지 그간 보이지 않던 작은 생명체들의 움직임이 보입니다. 바로 작은 거미 새끼들입니다. 아마도 나무기둥이나 낙엽에서 월동하지 않았을까 생각됩니다. 월동한 거미들이 부화해 한 가닥의 거미줄이나 올가미 모양의 거미줄을 이용한 유사비행을 통해 산 정상 부근으로 널리 분산했을 것으로 추정됩니다. 새끼 거미는 크기만 작은 것이 아니라 쳐 놓은 거미그물도 작아 가로나 세로 모두 10센티미터 미만인 수직 상태의 세로그물을 만들어 놓고 먹이를 포획하려 했습니다.

3 작은 먹이를 잡아먹으려고 이동하는 암컷 연두어리왕거미. 4 거의 다 성숙된 암컷 연두어리왕거미의 거미그물 길이는 40~50센티미터이며 먹이를 포획하는 가로줄은 점성이 매우 높다. 5 연두어리왕거미의 배 모양은 둥근 원형이고, 앞쪽에 V자 모양의 황색 띠가 있다.

아직은 어린 새끼들이지만 칠보산 정상의 등산로를 따라 광범위하게 분포해 있고, 몸의 크기는 2~3밀리미터로 작으며, 암수 구분도 할 수 없는 상태입니다. 이 녀석들은 주로 거미그물 중앙에 해당하는 바퀴통에 머무르며, 간혹 나뭇잎 뒤에 숨어 은신하기도 합니다. 머리가슴 부분은 엷은 갈색을 띠고 배 부분은 신갈나무의 새순처럼 연녹색을 띠어 눈에 잘 띄지 않습니다.

2주 만에 다시 찾은 칠보산에서 거미들은 시련을 맞고 있었습니다. 계속되는 가뭄으로 산은 건조해졌고, 많은 등산객 때문에 먼지도 많고, 소나무의 송홧가루 때문에 힘들게 쳐 놓은 거미그물은 엉망이 되었습니다. 녀석들과 다시 만난 것은 7월이었습니다. 칠보산 헬기장 근처와 정상 부근에서 많이 관찰되었으며, 비교적 이른 오전이라 이슬이 거미그물에 걸려 있어 구슬방울처럼 보였습니다. 거미들은 두 달 동안 꽤 많이 자랐고, 거미줄도 20센티미터 정도까지 커졌습니다.

7월까지는 이 녀석이 어떤 종일까 짐작만 하다가 9월에야 연두어리왕거미라는 것을 알게 되었습니다. 사실 거미들은 생식기가 다 만들어지기 전에는 어떤 종인지 알기 어렵습니다. 이 시기가 되니 거미그물은 40~50센티미터의 비교적 큰 망이 되었고, 그 원형 그물의 중심이 되는 바퀴통은 비어 있는 상태로 관찰되었습니다.

위협을 느끼자 연두어리왕거미는 거미줄을 타고 위의 나뭇잎 쪽으로 이동해 은신합니다. 가로실의 점액성에 손가락을 대 당겨보니 2~3센티미터 앞쪽으로 당겨진 반면 세로실은 점액성이 거의 없었고, 세로실과 가로실이 교차되는 지점은 점액성이 어느 정도 있었습니다.

거미그물 채취 및 표본제작은 어떻게 하나요?

거미그물을 채취하려면 우선 깨끗한 거미그물을 찾아야 합니다. 대부분의 거미들은 해질 녘에 거미그물을 새로 치기 때문에 저녁에 채취하는 것이 좋습니다. 손전등을 이용해 거미그물을 찾은 다음 거미그물에 있는 거미를 몰아내고 거미그물에 은색과 같은 래커를 뿌립니다. 너무 많이 뿌리면 거미그물이 손상될 수 있으므로 주의해야 합니다. 그 다음 검은색 두꺼운 켄트지를 대고 조심스럽게 거미그물을 눌러 붙입니다. 이때 켄트지 밖으로 나오는 거미줄은 뒤틀림 방지를 위해 가위로 잘라 버립니다.

투명 래커를 다시 뿌리고, 그 위에 은색 래커를 뿌려 거미그물의 형태가 뚜렷하게 나타나면 카메라로 그 형태를 찍어 거미그물의 형태, 선의 구조 등을 조사한 뒤 반영구 보존을 위해 코팅을 합니다(정, 1996).

집왕거미
사람과 더불어 사는 거미

집왕거미는 온대지방에 전 세계적으로 널리 분포하는 종으로 알려져 있습니다. 예전에는 인가 주변에서 많이 발견되었기에 집왕거미라 불리게 되었으나 요즘은 마을이나 공원의 정자 주변을 살펴보면 집왕거미보다는 무당거미가 많이 보이고, 그 다음으로 산왕거미가 많이 발견됩니다.

문헌에 따르면 거미라는 단어가 조선시대인 15세기에 생겼다고 하는데, 그 원조가 집왕거미 아니었을까 생각됩니다. 거미가 사람들 눈

건물 안의 은신처에 숨어 있는 집왕거미 암컷.

1 원형 그물인 집왕거미 거미그물. 아직 먹이는 걸리지 않았다. 2 간단한 은신처를 만들고 머물러 있는 집왕거미. 근처에 허물이 보인다. 3 집왕거미가 주로 서식하는 시골집. 4 거미그물에서 먹이를 기다리고 있는 암컷 집왕거미.

에 잘 띄려면 크기가 크고 색깔이 진해야 할 것이며, 인가 주변에 사는 거미라면 배회성보다는 정주성 거미일 테고, 이러한 조건에 잘 맞는 거미는 '크고 검은' 산왕거미나 집왕거미였을 가능성이 높습니다. 지금은 우리 주변에 무당거미가 훨씬 많지만, 만약 15세기에 무당거미가 더 많았더라면 거미라는 말은 생기지 않았을지도 모릅니다.

인가 주변에 거미그물을 치는 '검은색 큰 거미'를 10마리 채집해 보면 산왕거미가 8~9마리, 집왕거미는 1~2마리로 채집 수가 산왕거미에 비해 적은 편입니다. 집왕거미가 사는 곳은 오래된 인가의 처마 밑뿐 아니라 요즘은 아파트나 상가 건물의 계단, 베란다, 실내 등에서도 관찰됩니다.

집왕거미의 배 윗면은 둥근 형태입니다. 7월 중순에 산란하는 광경을 관찰했는데, 산란된 알주머니의 길이는 긴 쪽 2.2센티미터, 짧은 쪽 1.8센티미터 정도로 원형이며 옅은 노란색을 띠고 있었습니다. 무당거미와 마찬가지로 산란 전에 침대보를 깔 듯 시트를 만들어 그 위에 산란하고 다시 시트를 덮어 놓은 듯한 형태입니다. 산란 시트를 만든 거미줄은 보드라우면서도 질긴 실크로 되어 있었고, 산란 직후 알의 색깔은 옅은 노란색으로 크기는 1밀리미터, 알 수는 160개 정도였습니다.

지이어리왕거미
옛 거미학자를 위한 이름

지이어리왕거미란 이름의 '지이'는 처음으로 채집된 장소를 뜻합니다. 고 백갑용 선생께서 전국에 걸쳐 거미를 채집하던 중 지리智異산에서 처음 이 녀석을 채집했는데, '산'자를 빼고 지리를 한자의 음대로 읽어 '지이'가 된 것입니다.

 '어리다'의 어근인 '어리'는 국어사전에 따르면 두 가지의 뜻이 있는데 하나는 '병아리를 가두어 기르는 망태'를 뜻하고, 다른 하나는 '다른 어떤 사물과 비슷할 때'를 뜻합니다. 곤충 중에는 뒤영벌과 비슷하게 생긴 어리뒤영벌이 있고, 거미 중에는 개미의 모습과 매우 닮은 어리개미거미 등이 있습니다. 지이어리왕거미 역시 왕거미와 비슷하게 생긴 모양이라 붙여진 이름입니다. 즉, 지이어리왕거미는 '지리산에서 채집한 왕거미와 비슷한 거미'라는 뜻입니다.

 지이어리왕거미의 배 모양은 여러 가지입니다. 윗면에 눈썹모양 무늬가 양쪽으로 대칭을 이루는 것부터 실젖 쪽에 큰 무늬가 있는 것 등 다양하지만 관찰한 것은 실젖 쪽에 큰 무늬가 있는 점박이형 암컷입니다. 이 녀석은 2007년 7월 6일 충청남도 예산 망일산이라는 곳에서 관찰되었는데, 아직 다 자라지 않은 암컷이었습니다. 거미그물을 살펴보니 원형의 세로형 수직 거미그물을 치고 그 중앙부바퀴통에

1 배 부분 한가운데에 흰색 무늬가 있는 암컷 지이어리왕거미(변이형). 2 배 후반부에 검은색 무늬가 아래로 쳐 있는 암컷 지이어리왕거미(변이형). 3 거미그물을 수거해 다시 새로운 거미그물을 만들고 있는 지이어리 왕거미 암컷. 4 암컷 지이어리왕거미가 거미그물에 먹이가 걸렸는지 확인하기 위해 첫째 다리로 거미줄을 당겨보고 있다. 5 아직 미성숙한 수컷 지이어리왕거미가 곤충을 잡아먹고 있다.

머무르고 있었습니다.

네 번째 뒷다리 두 쌍으로 구멍이 뚫린 바퀴통에 배를 반 정도 넣고, 거미그물에 의지한 채 머무르고 있었습니다. 이 모습을 담으려고 카메라를 설치하고 자세를 잡자 어디선가 숲모기들이 '이때다' 하고 공격해 왔습니다. 인내심을 가지고 촬영했지만 여기저기 모기에 물린 상처 때문에 가려워 미칠 지경이었답니다. 암컷 모기는 산란을 위해 반드시 척추동물의 피가 필요하다고 합니다. 가축은 커녕 인적도 드문 절 근처에 낯선 이방인이 들어왔으니 그들의 좋은 먹잇감이 된 것이지요.

지이어리왕거미의 행동을 지켜보는 나와 알을 낳기 위해 내 피가 꼭 필요한 숲모기와의 싸움, 어느 것 하나 만만치가 않았습니다. 영광의 상처를 보면서 다시 지이어리왕거미의 거미그물을 살펴봅니다. 비교적 큰 세로 형태의 거미그물을 치는데, 위협을 느끼면 주 이동 통로인 세로줄을 타고 위쪽으로 이동해 숨는 것이 관찰되었습니다.

망일산의 기억이 거의 잊혀져갈 8월 어느 날 지이어리왕거미를 다시 만나게 된 곳은 경기도 수원 칠보산이었습니다. 알을 지키고 있는 어미를 보았습니다. 알은 유백색이고 알을 덮고 있는 알덩어리의 전체 크기는 1센티미터 내외, 알집의 짧은 쪽 길이는 7~8밀리미터였고, 알집 안의 알 크기는 1밀리미터 내외였으며, 알의 개수는 160개였습니다.

산란을 마친 암컷 지이이리왕서비는 사연사한 뒤 후학을 위해 액침 표본으로 만들었습니다. 그리고 알들은 칠보산에 다시 풀어주었는데, 무사히 잘 살아났는지 궁금합니다.

1 세로로 된 원형 그물을 짓고 바퀴통에서 휴식을 취하는 암컷 지이어리왕거미. 2 암컷 지이어리왕거미 원형 그물의 바퀴통 확대 사진. 3 지이어리왕거미의 바퀴통 그물 그림.

거미의 허물벗기 횟수는?

거미는 허물벗기를 하지 않고서는 성장할 수 없습니다. 허물벗기 시간은 종에 따라 다르지만 보통 10~30분이며, 허물벗기 전 준비와 허물벗기 후 휴식시간을 합해 2시간 내외로 알려져 있습니다. 허물벗기 횟수는 무당거미 10회 내외, 들풀거미 6회, 꽃게거미 5회, 별꼬마거미 3회 등이라고 문헌에 기록되어 있지만, 더욱 정확한 관찰이 요구됩니다.

거미 허물을 촛불에 태워 다른 사람에게 문지르면 그 사람의 마음을 내 마음대로 조정할 수 있다는 미신도 있습니다. 사랑하는 사람이 있다면 한 번 시도해 보세요.

지이어리왕거미보다 작아 붙여진 이름

아기지이어리왕거미는 지이어리왕거미와 모양이 비슷하지만, 암컷의 몸길이가 지이어리왕거미보다 2~5밀리미터 작기 때문에 아기라는 이름을 붙였습니다. 아기지이어리왕거미를 만난 곳은 강원도 평창의 백덕산입니다2005. 10. 11. 계절이 가을을 건너 겨울로 들어가는 문턱인 10월, 밤낮으로는 제법 싸늘해진 날씨였습니다. 땅거미가 지기 시작할 무렵인 오후 4시 15분, 백덕산 일대를 살피던 중 거미 한 마리가 거미그물을 치는 장면이 눈에 들어왔습니다.

외각의 기초실과 거미가 이동하는 세로줄을 완성한 뒤 사냥터가 되는 가로줄을 만드는 중이었습니다. 세로로 된 원형 그물을 만들었는데, 가로실은 1센티미터 간격으로 정확하게 규칙적으로 점액성 거미줄을 이용해 치고 있었습니다. 거미가 이동하는 세로실은 18개, 점액성 가로실은 거미그물 바깥쪽으로부터 10개 정도 만들어져 있고, 바깥쪽으로부터 3~4센티미터 공간을 두고 거미가 쉴 수 있는 바퀴통이 있는데, 바퀴통 중앙은 구멍이 뚫려 비어 있습니다. 거미그물 전체를 다 만드는 데 30~40분이 걸렸습니다.

1 아기지이어리왕거미가 해질녘 열심히 세로형 원형 그물을 만들고 있다. 2 먼저 세로실을 만들고 그 다음에 점액성이 있는 가로실을 만든다. 3 거미그물을 만들다가 잠시 바퀴통에서 쉬고 있는 지이어리왕거미. 4 강원도 평창군 방림면 운교리 백덕산의 아기지이어리왕거미 서식처.

거미채란?

옛날 잠자리 같은 곤충을 잡기 위해 싸리비, 수숫대 등에 거미줄을 여러 겹 둘둘 감거나 철사를 동그랗게 해서 겹겹이 거미그물을 모아 만든 거미채를 들고 뛰어다니곤 했습니다.

대리석처럼 아름다운 거미

마불왕거미는 대리석 '마블'처럼 아름다워 '마불'이라는 이름을 붙였는지는 모르겠지만, 배 모양이 둥글고 예쁜 노란색 바탕에 황갈색 다양한 무늬가 있는 마불왕거미는 귀엽고 예뻐 보입니다. 암컷이 2센티미터 정도 되는 큰 거미입니다.

　마불왕거미를 만난 곳은 강원도 평창 노동리입니다. 무더위가 심했던 2007년 7월 15일, 땅거미 집을 찾기 위해 구상나무가 심어진 주차장 주변을 헤매고 있었습니다. 구상나무 위의 들풀거미 집이 멋지게 보여 자세히 살펴보려다 순간 놀라 뒤로 자빠질 뻔했습니다. 뱀

1 마불왕거미는 산지성 거미로 나뭇가지 사이나 풀숲 사이에 수직으로 된 둥근 그물을 치고 서식한다. 2 구상나무 사이로 마불왕거미의 원형 그물이 보인다. 3 마불왕거미 거미그물에 잠자리가 걸리자 먹이를 포획하고 있다. 4 인기척에 놀라 거미그물을 타고 도망치는 마불왕거미.

한 마리가 나무 위에 똬리를 틀고 앉아 있었기 때문입니다.

나는 다른 동물은 무섭지 않은데 뱀을 무척 무서워합니다. 무섭다기보다는 징그럽다는 게 더 맞겠지만요. 외마디 비명을 지르고 이내 그 자리에서 도망쳤습니다. 한동안 마음을 가라앉히고 다시 뱀이 있던 나무 쪽으로 가보았습니다. 나를 놀라게 한 놈이니 자세히 살펴보고 사진을 찍기로 마음먹었습니다. 사진을 찍고 돌아서려는 순간 아직까지 보지 못했던 거미 한 마리가 눈에 들어왔습니다.

조심스럽게 뱀을 다른 곳으로 떠나가게 하고 거미그물을 관찰했습니다. 전체 거미그물의 형태는 수직형이며 둥근 원형 그물로, 가장 긴 쪽 길이가 33센티미터, 가장 짧은 쪽은 30센티미터 정도였습니다. 거미가 머무르는 원형망의 가운데 부분인 바퀴통은 뚫려 있었지요.

거미는 원형 그물 뒤쪽의 잎에 은신해 있었습니다. 천적으로부터 자신의 몸을 보호하기 위한 방편으로 보입니다. 간단한 거미줄을 이

용해 거미그물에 고정시킨 뒤 거꾸로 매달려 먹이가 걸려들기를 기다리고 있습니다. 먹이의 사냥터가 되는 원형 그물망 중 끈끈이 성분이 많은 가로줄에 손끝을 대보니 점액성이 매우 강해 5센티미터까지 늘어났습니다. 반면 세로줄은 가로줄보다는 점액성이 떨어져 2~3센티미터 늘어났습니다.

　뱀을 보고 놀란 가슴에 대리석 같이 예쁜 마불왕거미를 보니 더 반가웠던 것 같았습니다. 더 좋은 사진을 찍으려고 이리저리 움직이며 분주하게 촬영하다 보니 무서웠던 뱀에 대한 기억은 모두 잊고 말았습니다.

마불왕거미가 침엽수림에 거미그물을 치고 이동하고 있다.

부석왕거미

하늘과 가까운 높은 산에 산다

2005년 9월 25일, 가족과 함께 전라남도 해남 두륜산에 여행간 적이 있습니다. 대흥사도 둘러보고 무엇보다 아이들에게 우리나라에서 가장 길다고 자랑하는 케이블카를 태워주고 싶어서였지요. 설레는 마음으로 케이블카에 올랐습니다. 날씨가 맑아서인지 바다가 멀리 보이고 아래 풍경도 아름다웠습니다. 하지만 아이들은 태어나서 처음 타보는 케이블카여서 그런지 두려움 때문인지 별로 말이 없었습니다. 케이블카가 도착한 곳은 해발 600미터가 조금 넘는 곳이었습니다. 카메라를 들고 나무 계단을 오르기 시작했습니다.

중간 정도 올랐을까요. 계단 옆에 세로로 된 둥근 원형 그물이 눈에 띄었습니다. 이렇게 해발이 높은 곳에 사는 거미라면 흔한 녀석은 아닐 거라는 생각이 들어 거미그물을 요리저리 살펴보기 시작했습니다. 그러나 녀석은 쉽게 모습을 나타내지 않았습니다. 아내와 아이들은 거미가 보이지 않으니 빨리 정상으로 올라가자고 재촉합니다.

"아니야 기다려봐, 곧 거미가 나올 테니까" 하면서 나는 거미줄에 손끝을 대고 먹이가 걸린 것처럼 흔들어 보았습니다. 그래도 거미는 어디에 숨어 있는지 좀처럼 나오지 않았습니다. 그래서 다른 방법을 쓰기로 했습니다. 우선 주변을 살펴 곤충을 잡아보기로 했습니다. 나

뭇잎을 흔들어 노린재 한 마리를 거미그물에 붙여 보았습니다노린재에
게 미안했지만. 그러자 나뭇잎 뒤에 숨어 있던 거미 한 마리가 재빠르게
나와 노린재를 거미그물로 포획하기 시작했습니다. 아내와 아이들은
"와, 역시 아빠야!" 하며 환호성을 칩니다.

순식간에 노린재를 포획한 녀석이 어떤 종일까 궁금해 살펴보니
높은 산에 사는 부석왕거미 암컷이었습니다. 그 동안 책에서만 보던
녀석을 만나니 무척 반가웠습니다. 카메라를 집어 들고 사진을 찍으
려 했지만 계단과 부석왕거미와의 거리가 멀어 제대로 찍을 수가 없
었습니다. 그래서 몸을 가능한 한 거미 쪽으로 숙여 사진을 찍고, 녀
석을 잡아 더 좋은 사진을 찍어야겠다고 마음먹었습니다.

그러나 이번 여행의 목적은 가족과 함께 대둔산 정상 오르기. 거미
를 담을 채집통이 준비되지 않은 상태였지요. 고민하며 주변을 살펴
보니 버려진 담뱃갑이 눈에 띄었습니다. 쓰레기도 줍고, 담뱃갑의 겉

부석왕거미가 위협을 느끼자 잔뜩 움츠리고 있다.

비닐은 녀석을 잡아 담는 채집통으로 사용했습니다. 처음 관찰해 보는 부석왕거미, 배의 윗면은 둥근 방패 모양으로 등황색이었고, 잎사귀 모양의 무늬가 머리 쪽부터 실젖의 끝 쪽까지 좌우 대칭을 이루며 연결되어 있었습니다.

가족들과 케이블카를 타는 즐거운 체험도 하고 부석왕거미도 관찰할 수 있어 여러 모로 보람찬 하루였습니다.

1 해발이 높은 곳에 사는 산지성 거미인 부석왕거미. 2 부석왕거미는 세로로 된 둥근 원형의 거미그물을 만든다.

거미무리 중의 왕(王), 왕거미

옛날 어느 나라의 왕이 적군에게 쫓기다 작은 동굴에 몸을 숨기게 되었는데, 그 왕을 쫓던 적군들은 동굴 밖에 쳐 있는 거미그물을 보고 동굴을 그냥 지나쳐 물러났습니다. 왕은 거미 덕분에 목숨을 살렸고, 후에 전쟁에서 승리하게 되었습니다. 왕은 자신의 목숨을 살려준 그 거미에게 거미 중의 왕(王)이라는 의미로 '왕(王)거미'라는 이름을 지어주었다고 합니다. 여기 등장하는 왕은 알렉산더대왕, 다윗 또는 칭기즈칸으로 변형되어 다양하게 전해지고 있습니다.

숲속의 멀리뛰기 선수

2010년 6월 26일, 칠보산에 올랐습니다. 정상에 올라 땀을 식히면서 시원한 물 한 모금 마시고 쉬었어요. 바스락거리는 소리에 눈을 들어 보니 청설모 한 마리가 소나무를 타고 이리저리 움직입니다. 아마도 먹이를 찾으러 돌아다니는 것 같아요. 나무를 오르내리기도 하고 이 나무에서 저 나무로 점프도 합니다. 나뭇가지를 타고 뛰어 다른 나뭇가지로 이동하는데, 그 점프 실력이 1.5미터 정도는 되어 마치 숲 속의 멀리뛰기 선수 같았습니다.

청설모를 관찰하면서 산을 내려왔습니다. 마을 근처에 다다랐을 때 깡충거미 한 마리가 눈에 띄어 어떤 거미일까 궁금해 자세히 살펴보았지요. 머리가슴이 검은색과 갈색을 띠고 갈색과 노란색 긴 털이 많이 나 있는 것을 보니 털보깡충거미 암컷이네요. 쓰러진 나무 기둥을 오르내리더니 점프를 해서 땅으로 내려와 돌아다니기 시작합니다. 이 숲속에는 멀리뛰기 선수가 청설모 말고 또 있었네요. 청설모보다는 점프거리가 짧지만 작은 체구의 거미가 멀리 뛸 수 있는 것은 바로 짧고 튼튼한 다리 덕분입니다.

땅이나 풀숲을 이동하며 먹이를 잡아먹는 거미들의 특징은 거미그물을 치는 거미들에 비해 크기가 작다는 것입니다. 무거운 몸으로는

1 먹이를 잡기 위해 나무줄기나 나뭇잎 위를 배회하는 털보깡충거미. 더듬이다리에 유난히 많은 털이 보인다.
2 눈 8개 중 앞쪽의 눈 2개가 헤드라이트처럼 큰 털보깡충거미 암컷. 3 파리를 포획한 털보깡충거미.

이동하기도 힘들고 먹이 사냥은 더 힘들겠지요. 거미그물을 치고 먹이를 잡지 않는 대신 빠르게 움직여야 하기 때문에 빨리 걷거나 뛸 수 있게 진화되었고, 그래서 다리도 더욱 짧고 강건해진 것입니다. 또한 거미그물을 치는 거미에 비해 시력도 좋답니다.

　거미그물을 쳐 먹이를 잡는 무리들과 이동하거나 배회하면서 먹이를 잡는 무리 중 과연 어느 쪽이 먹이 잡기에 유리할까 궁금합니다.

거미가 채식을 한다고?

몇 년 전 인터넷 뉴스를 뜨겁게 달군 소식이 하나 있는데, 바로 거미가 채식을 한다는 것입니다. 채식 거미의 주인공(바키라 키프링기)은 코스타리카에서 처음 발견(2001)된 이후 미국 빌라노바 대학의 한 교수가 중앙아메리카와 멕시코 등지에서 집단으로 서식하는 것을 발견해 학계의 관심을 끌었습니다.

　이 거미는 주로 아까시나무 잎 끝에서 분비되는 단백질과 지질 일종인 벨트체(Beltian bodies)를 먹는 것으로 알려져 있습니다. 이 거미가 초식성이 된 이유는 치열한 먹이경쟁으로부터 살아남기 위한 선택으로 추정되었습니다.

인터넷 서울신문(2009. 10. 13)

흰눈썹깡충거미

흰 눈썹 휘날리는 산신령

2006년 8월 5일, 뜨거운 여름날 경기도 남양주에 있는 세정사라는 작은 절을 찾았습니다. 절 주변으로 계곡물이 흘러 잠시 머물며 더위를 식히기에 좋은 장소입니다. 아이들은 계곡물에 발을 담그며 더위를 식히고, 나는 카메라를 들고 여기 저기 둘러봅니다. 계단식으로 쌓인 돌 위로 깡충거미 한 마리가 뛰어갑니다. 마치 토끼 한 마리가 깡충깡충 뛰어가듯. 나도 질세라 바쁜 걸음으로 거미 뒤를 따라갑니다.

눈 뒤 주변으로 U자형 옅은 갈색 털이 나 있는 흰눈썹깡충거미 암컷.

"어떤 놈이기에 이렇게 빨리 움직일까?"

혼잣말로 중얼거리며 깡충거미를 쫓습니다. 거미는 풀잎 위나 풀 잎 사이로 뛰어가기도 하고, 돌 위로도 뛰어다닙니다. 내 인기척에 위협을 느꼈는지 풀 아래로 숨거나 돌 밑으로 숨기도 합니다. 한참을 뒤쫓아 가자 풀잎 위에서 두리번거리며 주변을 살피기도 하고, 재빠르게 360도 회전도 합니다.

거미의 행동을 조심스럽게 관찰하던 중 머리가슴부 앞쪽에 있는 눈썹 모양의 흰 줄을 보고 흰눈썹깡충거미임을 알았습니다. 이 녀석은 다른 거미들과 달리 암수 모두가 눈과 눈 주변에 흰 눈썹과도 같은 흰색 띠가 있어 다른 종들과 쉽게 구별이 됩니다. 언젠가 아이들과 고향을 방문한 길에 흰눈썹깡충거미를 보았는데, 아들 녀석 말이

1 수컷은 머리 앞쪽에 흰 눈썹과 같은 털이 있으며, 더듬이다리에도 흰 털이 나 있다. 2 방금 배설을 마친 암컷 흰눈썹깡충거미. 3 개미지옥에 빠져 죽어버린 흰눈썹깡충거미 수컷.

걸작이었습니다.

"아빠, 이 거미는 할아버지 거미인가 봐요. 눈썹이 벌써 하얗게 되어버렸어요."

우리 가족은 한바탕 웃음을 터뜨렸지요.

흰눈썹깡충거미는 사람이 사는 집 주변의 담벼락이나 건물, 풀이 많은 초원 등에서 쉽게 찾을 수 있습니다. 풀잎을 말거나 터널형 깔때기 집을 짓고 은신하기도 합니다. 아직까지 정확한 생태조사는 부족하지만 2007년 6월 17일 보광사라는 절에서 조사된 흰깡충거미의 알 수는 15개 정도였습니다. 흰 눈썹이 매력인 깡충거미, 앞으로도 자주 만나길 바라며, 또 즐거운 웃음을 주었으면 좋겠습니다.

흰 눈썹에 관련된 풍속

음력 설 전날을 섣달그믐이라고 합니다. 한 해의 마지막 달이 섣달이고 그 달의 마지막 날이 그믐인 것으로, 한 해를 끝맺고 새 해의 시작을 준비하는 날이기도 합니다. 이 날 여자들은 차례 음식을 준비하고, 남자들은 집 안팎을 청소하는데 이는 묵은 때를 씻음으로써 못된 액운과 잡귀를 몰아내고 신성한 새해를 맞이하려는 우리 전통의 세시풍속입니다. 특히 이 날 밤에 일찍 잠이 들면 눈썹이 희어진다는 속설(그믐밤 새우기)이 있어 첫닭이 울 때까지 밤을 지새우기도 했습니다. 졸다가 잠들면 쌀가루나 밀가루 세례를 받았답니다.

눈썹이 희게 되는 꿈

눈썹이 희게 되는 꿈을 꾸면 친구나 지인의 일로 걱정거리가 생겨 고민하게 된다고 합니다. 눈썹이 빠지는 꿈은 가족의 신상에 재난이 닥칠 것을 예고하는 꿈이라고 하니 눈썹에 관한 꿈은 꾸지 않는 것이 좋겠네요.

자동차 헤드라이트와 닮은 눈

4월이면 야산에 지천으로 피는 꽃이 진달래꽃입니다. 진달래꽃은 직접 따먹거나 화전을 부쳐 먹기도 해 '참꽃'이라고 불리지만 이보다 늦게 피는 철쭉은 먹을 수 없기 때문에 '개꽃'이라고 한답니다. 철쭉은 진달래가 거의 지는 5월에 피는 꽃으로 건물 주변이나 공원 등에서 쉽게 찾아볼 수 있습니다. 진달래가 사는 곳이 야산이라면 철쭉은 우리가 사는 건물의 화단 주변에서 쉽게 볼 수 있습니다.

철쭉이 피는 시기에 쉽게 찾아볼 수 있는 거미가 바로 검은날개무늬깡충거미입니다. 이 녀석은 주로 꽃 속에 숨어 있다가 꽃을 방문하는 등에와 같은 파리류나 벌류 등을 잡아먹습니다. 나뭇가지나 꽃 사이를 부지런히 움직이며 먹이를 찾는데, 8개의 큰 눈이 매력적입니다. 중앙에 있는 2개의 눈은 다른 6개의 눈보다 크며, 방향을 바꿀 때면 마치 등대의 서치라이트처럼 눈의 색깔이 변하기도 합니다. 깡충거미의 이러한 눈을 보고 자동차의 헤드라이트가 만들어졌다는 얘기도 들은 적 있으나 믿기는 어려운 말이지요.

검은날개무늬깡충거미의 머리가슴 한가운데에는 검은색 점무늬가 있고, 8개 눈의 주변은 검은색을 띠고 있습니다. 암수 모두 배 모양은 긴 타원형이고 특히 암컷은 황갈색 혹은 담황갈색인 줄무늬가 배

1 인가나 농경지 주변의 꽃이나 담장 등에 은신해 있다가 곤충을 포획하는 검은날개무늬깡충거미 암컷. 2 나뭇잎 위에서 배회하고 있는 수컷 검은날개무늬깡충거미. 3 사람을 많이 두려워하지 않고 호기심에 찬 눈으로 주변을 두리번거리는 수컷 검은날개무늬깡충거미. 4 나뭇잎 위에서 먹이를 찾아다니는 암컷.

윗면에 2개 있습니다. 다른 깡충거미들과 마찬가지로 다리는 짧고 강건하며, 빠르게 걷거나 멀리 도약해 점프를 잘 합니다. 사람을 많이 경계하지 않고 손 위에 올려놓으면 주변을 살피며 분주하게 돌아다니기도 합니다.

칠보산 습지에서 검은날개무늬깡충거미의 알집을 관찰해 보니 갈대 일종의 잎을 말아 거미줄로 이엉 엮듯 구부려 놓고, 그 안쪽에 수많은 가닥의 침대보를 깔고 1센티미터 미만의 유백색 알을 산란해 놓았습니다2007. 6. 14. 그 위를 깔개 덮듯 거미줄로 덮고 다시 수많은 실을 덧대어 천막처럼 둘러놓은 것을 보고 어미 거미는 알주머니를 보호하기 위해 최선을 다한다고 생각했습니다.

지금까지 관찰한 검은날개무늬깡충거미의 산란 수는 75개2009. 7. 5 와 175개2007. 6. 14로 100개 정도 차이가 있었지만, 보통 200개 미만인 것 같습니다.

성적이형(性的異形, Sexualdimorphism)이란?
같은 종의 암컷과 수컷이라도 그 형태나 크기, 구조 및 색깔 등이 뚜렷하게 다른 경우가 많은데, 거미도 마찬가지입니다. 몸의 크기는 암컷이 수컷보다 큰 종이 많은 반면 색채는 수컷이 암컷보다 화려한 종이 있는데, 그 대표적인 종이 바로 검은날개무늬깡충거미입니다. 수컷과 암컷이 서로 다른 모습을 지닌 것을 성적이형 현상이라 합니다.

줄무늬햇님깡충거미

햇님 닮은 우리 거미

거미 이름 중 예쁜 이름을 떠올려 보면 '줄무늬햇님깡충거미'도 빠질 수 없습니다. 물론 모든 거미들이 각자에게 잘 어울리는 예쁜 이름을 가지고 있지만 '햇님깡충거미'는 작명가의 상상력에 감탄하게 되는 이름입니다. 햇빛에 빛나는 눈 8개와 몸에 반사되는 빛을 상상하게 만드는 참 예쁜 우리말 이름이지요.

줄무늬햇님깡충거미와 더불어 우수리햇님깡충거미가 있는데, 우수리는 어디서 온 말일까 궁금해지기 시작했습니다. 우수리는 근대 라틴어로 우스리아 지방에서 이 거미가 채집되었기 때문에 학명으로 이용하게 된 것 같습니다. 우스리아는 러시아와 중국의 동북쪽에 위치한 지역으로 우수리강이 유명합니다.

우수리햇님깡충거미는 줄무늬햇님깡충거미와 비슷해 눈으로 구분하기가 매우 어렵지만 외부 생식기를 비교해보면 구별할 수 있습니다. 줄무늬햇님깡충거미는 머리가슴 부분은 검은 흑갈색을 띠고 다리는 황갈색, 더듬이다리는 노란색을 띱니다. 배는 계란 모양이고 전체적으로 검은색을 띠지만 U자를 업어놓은 모양(∩)으로 가느다란 흰색 띠가 있습니다.

줄무늬햇님깡충거미를 만난 것은 여름이 시작되는 2007년 7월 6

일, 충남 예산의 망일산이었습니다. 야간 채집을 하기 위해 적당한 장소를 살피던 중 나뭇가지에서 이동 중인 거미를 발견하고 채집망을 나뭇가지 아래에 놓고 나뭇가지를 흔드는 털어잡기법으로 녀석을 잡았습니다.

채집해 보니 암컷 성충이었으며, 사진을 찍으려고 작은 유리병에 넣어두니 며칠 내로 은신처를 만들었습니다. 은신처는 가장 긴 쪽의 길이 1센티미터에서 짧은 쪽 길이 7밀리미터 정도의 크기였고, 거미줄을 이용해 돔형으로 지붕을 만들고 그 아래 은신해 있었습니다. 줄무늬햇님깡충거미와 우수리햇님깡충거미 모두 야산 주변이나 초원의 나뭇잎 등에 살지만 채집이나 관찰이 쉽지 않으며, 아직까지 정확한 생태가 밝혀지지는 않았습니다. 다음에는 더 많은 개체들과 만나길 기대해 봅니다.

나뭇잎에서 배회하는 줄무늬햇님깡충거미.

해안가의 사냥꾼

사람들은 바닷가에 가면 보통 먼 바다를 뚫어지게 바라보며 생각에 잠기거나 신발을 벗고 해변을 걷습니다. 마치 영화의 한 장면처럼. 하지만 거미를 연구하는 과학자들은 자신도 모르게 주변에 있는 방조제나 인공 수초 구조물, 바위 쪽으로 이동하게 됩니다. 해안가에만 서식하는 거미가 있기 때문입니다.

해안가의 사냥꾼 거미는 바로 해안깡충거미입니다. 해안깡충거미는 바닷가의 바위나 인공 구조물에서 살기에 몸의 색깔 역시 이와 비슷한 암갈색이나 검정색을 띠며, 움직임이 매우 빠릅니다. 바위를 들어 해안깡충거미를 확인하려고 하면 어느새 반대편으로 숨어 보이지 않고, 여러 번 숨바꼭질을 해야 비로소 만날 수 있을 정도입니다. 그래서 이 녀석을 촬영하기란 거의 불가능할 지도 모릅니다.

해안깡충거미나 다른 깡충거미들을 촬영하는 한 가지 방법은 녀석이 숨을 곳을 미리 차단하고 끈기 있게 쫓아다니는 것입니다. 오랫동안 쫓아다니다 보면 녀석도 지치고 나도 지치지만 사진에 담으려면 그 정도의 노력은 감수해야겠지요. 가장 촬영하기 쉬운 윗면부터 시작해 다양한 방향에서 많은 사진을 촬영해 두는 것이 좋습니다. 나중에 부족한 사진이 있다면 또 다시 추격전을 벌여야 하니까요. 사진을

1 암컷을 찾아 모래밭을 걸어 다니는 수컷. 2 해안깡충거미가 주로 서식하는 바닷가 마을.

촬영할 때 삼각대를 사용하면 더 좋지만, 삼각대 사용이 어렵다면 주변에 있는 작은 돌을 옮겨다가 카메라 밑에 대고 촬영하면 심도도 높아지고 더 좋은 사진을 찍을 수 있습니다.

다음부터 해안가에 가면 바다만 보지 말고 바위 밑이나 바위틈에 숨어 있는 해안깡충거미를 찾아 살펴보고 사진도 찍어보세요. 또 다른 재미를 느낄 수 있답니다.

1 폐선, 인공 수초, 기타 구조물 등은 해안깡충거미가 은신하기 좋은 장소다. 2 바닷가 근처의 축대나 바위틈에도 서식한다.

꽃게거미

일편단심 꽃 사랑

우리나라에 서식하는 거미류 중 얼핏 보면 게의 모습과 닮은 무리가 있습니다. 바로 게거미과입니다. 게거미과는 게를 축소해 놓은 듯한 모습이며, 옆걸음으로 이동하기도 합니다. 머리가슴 부분은 둥글고, 배 부분도 둥그스름한 오각형입니다.

2008년 7월 11일, 꽃을 구경하러 아이들과 넓은 들로 나갔습니다. 논에는 벼들이 어린아이 키만큼 자랐습니다. 오리들이 논에 살고 있는 곤충을 잡아먹기 위해 이리저리 몰려 다니네요. 조카 녀석이 개망

꽃 위에서 거미줄을 날리고 있는 수컷 꽃게거미.

초를 한아름 꺾어 왔습니다. 개망초 속에 숨어 있던 거미가 거미줄 한 가닥을 내며 땅 쪽으로 떨어지려 하네요.

"큰아빠! 거미네요" 하고는 손으로 잡아서 내게 보여줍니다.

"무섭지 않니?"

"아뇨, 작고 귀여운데요. 바다에 사는 꽃게 같아요."

"빙고, 맞았어요. 이 거미는 게를 닮아 게거미라고 하고, 꽃에서 주로 살기 때문에 꽃게거미라고 한단다."

조카 녀석은 개망초보다 꽃게거미에 더 관심이 쏠려 있었습니다.

"큰아빠, 근데 꽃게거미 몸이 사람의 얼굴같이 생겼네요."

"맞아. 꽃게거미 중에는 사람의 얼굴 모습을 한 것도 있고, 웃는 하회탈 모습을 한 것도 있지."

그래서 종종 인터넷이나 신문에 사람을 닮은 거미가 발견됐다며 떠들썩해지는 일도 있습니다. 꽃게거미는 꽃을 좋아하는 것이 아니라 꽃 속의 꽃가루와 꿀을 얻으려고 찾아오는 곤충들을 잡아먹기 위해 꽃 속에 숨어 있는 것입니다. 꽃가루와 꿀을 정신없이 먹는 파리류나 벌류, 그리고 나비류 등은 꽃 속 혹은 꽃잎 뒤에 숨어 있는 꽃게거미를 보지 못하고 꽃게거미의 먹잇감이 됩니다.

1 수컷 꽃게거미의 제삿날. 섣불리 짝짓기를 시도하다가 잡아먹히는 수가 있다. 2 해당화 꽃 근처에서 먹이를 잡기 위해 내려가고 있는 암컷. 3 꽃 위에서 먹잇감을 기다리고 있는 수컷.

이명법[二名法, binomial nomenclature]이란?

수많은 생물 중 몸의 형태나 구조, 습성, 발생 및 생식 등에 따라 종이 같은 것과 다른 것을 구분해 무리를 짓는 것을 분류라 하며, 분류된 각각의 종에 학명을 부여하는 것을 이명법이라 합니다.

동물 이명법은 근대 학명에 대한 어떤 규약도 없던 시기에 린네가 『Systema Nature』제10판(1758)에 처음 발표한 이후 여러 차례 규약이 추가 수정되면서 현재에 이르고 있습니다. 전 세계적으로 통일된 학명 명명법을 유지하기 위해 엄중하게 용어나 형식을 적용하고 있습니다.

예) 속명(고유명사: 첫 글자는 대문자, 나머지는 소문자) 종명(보통명사 또는 형용사: 모두 소문자) 명명자(이름)

무당거미= *Naphila clavata* L. Koch 1878=Naphila clavata L. Koch 1878

※ 속명과 종명은 이택릴체로 쓰거나 밑줄을 칩니다.

내 몸을 보면서 한자(漢字)공부 하세요

2009년 10월 4일, 아이들과 논둑을 걷고 있었습니다. 고향의 논과 밭은 그대로인데, 새로 생긴 고속도로 때문에 마을이 두 동강이 나서 영 보기가 좋지 않습니다. 한참을 걷다가 아까시나무 잎이 보여 줄기 잎 3개를 땄습니다. 아이들은 이미 눈치를 채고 가위·바위·보를 준비하고 있었고. 셋이서 줄기 잎 하나를 들고 가위·바위·보를 합니다. 딸 녀석이 이겨 꼴찌를 한 내가 열 발짝 업어주기로 했습니다. 마냥 신이 난 딸은 더 업어달라고 성화를 합니다.

논길을 따라 더 걷기로 했습니다. 개망초와 이름 모를 꽃들 그리고 칡넝쿨도 간혹 보입니다. 개망초를 들여다보니 꽃과 꿀을 찾기 위해 방문한 곤충들이 여러 마리 보입니다. 그들을 노리는 꽃게거미도 보이고. 가만, 저기 불짜게거미도 보이네요.

중학생인 딸에게 불짜게거미를 보여주며 "저기 보이는 노란색 등에 검은색 무늬가 있는 거미가 어떤 한자를 닮았니?" 하고 물었습니다. 딸 녀석은 "아빠! 지금 절 시험하시는 거예요? 나무 목木자 아닌가요?" 했습니다. "아닌데 비슷하긴 했어." 딸은 잘 모르겠다며 알려 달라고 조릅니다.

"그럼 아빠가 가르쳐줄게. 이 글자는 아니 불不자란다." 그러자 딸

1 주황색 배에 검은색 불자 모양이 있는 암컷. 2 개망초류 사이를 이동하고 있다.

아이는 "아니 불자 같기는 한데, 아니 붉이 모자를 쓴 것 같아요." 하긴 내가 봐도 모자 쓴 나무 목木자 같기도 하고, 불不자 같기도 합니다. 불不자든 목木자든 거미 한 마리 한 마리의 이름들을 생각해보면 '어쩌면 이렇게 예쁘고 적절한 이름을 지어주었을까' 싶어 고마움마저 느끼게 됩니다.

자세히 들여다보니 이 녀석은 꽃이 피는 식물의 잎이나 꽃잎 사이에 숨어 있다가 꿀이나 꽃가루가 필요해 꽃을 찾아오는 벌과 파리 등을 포획합니다. 오늘은 자기의 2배 정도 큰 꿀벌을 포획했네요. 꿀벌이 꽃에 묻혀 정신없이 꿀을 먹고 있을 때 거미가 조심스럽게 접근해 꿀벌의 급소인 머리와 가슴 사이를 물고 마취액과 소화액을 집어넣습니다. 꿀벌은 저항도 하지 못한 채 거미의 먹이가 됩니다. 꿀벌이 오늘 거미의 제물이 되었지만 불짜게거미 역시 개구리나 다른 새들에게 언제 먹잇감이 될지 모릅니다.

오늘 만난 불짜게거미는 노란색 바탕에 아니 불자 모양으로 검은 무늬가 있는 노란색 형이지만 주황색 바탕에 검은 무늬가 있는 황색형 암컷도 있습니다. 수컷은 대체로 배가 검은색이고 배 윗면에 노란색 눈썹 같은 띠무늬가 2개 있어 암컷과 다르며, 크기 역시 암컷에 비해 조금 작습니다.

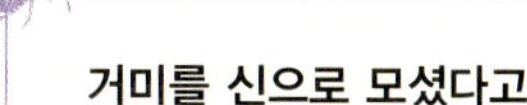

암컷이 먹이를 노리고 있다.

거미를 신으로 모셨다고요?

인도, 북아메리카, 아프리카 원주민들의 신화에는 거미가 세상을 만든 영웅신으로 등장하고, 뉴멕시코 인디언들은 거미를 인류를 포함한 모든 생물의 시조로 여겼습니다. 특히 페루에서는 3,000년 전 거미신에게 전투에서의 승리를 기원하거나 가뭄에 비를 내리게 해달라는 제사를 모신 예배당 터가 발견된 바 있습니다. 거미신 예배당 터는 페루 로얄 텀스 오브 사이판 박물관 고고학팀이 페루 북쪽 해안가 근처 람바예퀴 협곡에서 발견한 것으로, 규모가 가로 500미터, 세로 300미터에 달하는 매우 거대한 건물이었습니다.

서울신문 나우 뉴스(2008)

옆으로 걸을까, 앞뒤로 걸을까?

2006년 5월 21일, 선배와 같이 강원도 영월 팔괴리로 나비 채집을 나갔습니다. 산속을 헤매다 식사 때를 놓치고 가져간 물병도 비어 갈증과 배고픔에 허덕일 때 사막의 오아시스 같은 존재가 바로 뽕나무 열매인 오디입니다. 5~6월에 열리는 오디는 '오들개'라고도 불립니다. 먹을거리가 부족했던 어린 시절 콜라병 하나 들고 이웃 마을 뽕나무밭에 몰래 숨어들어가 입 언저리와 손이 벌겋게 물들 때까지 오디의 단맛에 빠져 해가 지는 줄도 모르고 정신없이 따먹던 기억을 잊지 못합니다.

선배와 누가 먼저랄 것도 없이 오디를 따먹으며 어린 시절 추억 속으로 빠져들었습니다. 어릴 때 먹던 그 맛보다는 못했지만 배고픔과 갈증에 목마르던 두 사람은 오디 맛에 정신을 잃을 정도였습니다. 시원한 뽕나무 그늘 아래서 피로를 풀며 오디를 따먹다가 눈이 마주친 녀석이 있습니다. 바로 오각게거미입니다.

오각게거미는 나와 눈이 맞춰진 순간 바로 나무 뒤편으로 이동해 납작 엎드렸습니다. 장난기가 발동해 주변에서 부러진 나뭇가지를 주워 녀석에게 서서히 다가갔습니다. 그러자 이 녀석도 저항하기 시작했습니다. 나뭇가지가 다가오자 위협을 느꼈는지 다른 거미보다

1 서식처 안에서 위협을 느끼자 움츠리고 있는 암컷 오각게거미. 2 다 성숙된 수컷 오각게거미가 암컷을 찾아 배회하고 있다.

강건한 다리 4개를 번쩍 치켜들어 위협 행동을 합니다. 위협의 표시
로 다리를 치켜들었지만 나에게 전혀 위협이 되지 않는다는 사실을
녀석이 아는지 모르겠습니다.

녀석은 다리를 치켜드는 정도로는 상대가 되지 않겠다 싶었는지
슬슬 뒤로 이동합니다. 좀 더 행동을 관찰해 보고 싶어 포충망을 뽕
나무 아래에 대고 털어잡기로 녀석을 망 안에 가둔 다음 움직임을 살

1 암컷보다 훨씬 작은 수컷이 짝짓기를 위해 암컷의 배 위에 올라가 있다. 2 인기척을 느끼자 암컷이 수컷을 등
에 단 채 재빠르게 나뭇잎 뒤로 숨는다. 3 드디어 짝짓기 중인 오각게거미 암컷과 수컷.

폈습니다. 게처럼 옆으로 걸어갈까 아니면 다른 거미들처럼 앞뒤로 이동할까 매우 궁금했습니다.

채집망에서 꺼내 땅 위에 놓아주었습니다. 녀석은 잠시 다리를 자신의 몸 쪽으로 잡아당겨 움츠리고 있습니다. 아마도 '나 이제 죽었다' 하고 나를 속이려는 모양입니다. "내가 너의 잔꾀에 넘어갈 것 같으냐" 하며 우리는 계속 신경전을 벌입니다. 녀석은 자신의 속내를 들켰다고 생각했는지 이내 오그렸던 다리를 펴고 이동하기 시작합니다.

내가 바라던 상황이 왔습니다. 녀석의 움직임에 대한 궁금증이 풀리는 순간입니다. 오각게거미는 배 모양이 둥그스름한 오각형이어서 붙여진 이름이고, 게거미처럼 옆으로 이동하기도 하지만 앞뒤로 이동합니다. 안전실을 한 가닥 내어 이동하기도 하는데, 혹시 떨어질 경우 다시 되돌아가기 위한 수단입니다.

오늘은 어릴 적 먹었던 오디도 배불리 먹고, 오각게거미가 옆으로 걷지 않고 앞뒤로 움직인다는 사실도 알았습니다. 나중에 한 가지 더 알아낸 사실은, 이미 성숙한 수컷 오각게거미가 아직 성숙하지 않은 암컷의 배 윗면 뒤쪽에 밀착해 암컷이 성숙해지길 기다리는 것도 직접 보았습니다.

한 번의 관찰이었기에 모든 오각게거미가 다 그렇다고 말하기는 어렵지만, 성숙한 수컷이 아직 성숙하지 못한 암컷에게 접근하는 것을 보니 수컷이 암컷에게 짝짓기 하기가 그리 녹록치 않은가 봅니다. 암컷에 비해 눈에 띄게 작은 수컷이 암컷에게 잡아먹히지 않고 짝짓기 하기까지는 아직도 많은 시련이 남아 있을 것 같습니다.

못생겼어도 개성파!

영월에 출장 갔던 선배가 거미 한 마리를 채집통에 잡아왔습니다[1999. 6. 3.]

"세상에 이렇게 생긴 거미도 있냐? 몸이 온통 울퉁불퉁한 게 되게 못생겼다."

선배가 사마귀게거미의 배를 보고 한 말입니다. 나도 도감으로만 보아왔지 실제로는 처음 보는 녀석입니다.

"못생겼어도 내겐 이쁘기만 한데…."

사실 사마귀게거미의 배를 보면 누구나 다 "곰보 같네" 할 것입니

1 잎이 넓은 활엽수 위에서 새똥처럼 몸을 움츠리고 있는 암컷 사마귀게거미.
2 바닥에 떨어져 있던 이름을 알 수 없는 새의 똥.

다. 사마귀게거미란 이름을 얻은 것도 배 모양이 사마귀주로 손과 발에 생기는 피부병 일종의 혹처럼 생겼기 때문이니 그리 놀랄 일도 아니지요. 하지만 이 녀석을 만나기란 쉽지 않습니다. 거미를 공부하고 채집한 지가 벌써 15년이 넘었지만 겨우 열 마리밖에 보지 못했으니, 거미 중에서도 귀한 거미인 게 틀림없습니다.

사마귀게거미의 생태는 아직 밝혀지지 않았지만, 10마리 모두 강원도 영월이나 소백산국립공원, 양산 통도사 등에서 채집된 것으로 보아 대도시나 중소도시가 아니라 환경 좋은 농촌 및 산촌 지역이 터전인 것 같습니다.

사마귀게거미의 생태를 알아보려고 사육통에 넣고 집이나 연구실에 있는 파리를 잡아 주었더니 왕성하게 잘 자랐습니다. 하지만 수컷이 없으니 더 이상의 사육은 의미가 없을 것 같아 수명이 다한 뒤 액침표본을 만들기로 했습니다.

3 강건하고 굵은 다리를 몸 쪽으로 당겨 죽은 듯이 움츠리고 있다.
4 실내에서 사육 중인 사마귀게거미가 집파리를 포획한 장면.

환경 파수꾼

풀잎 위에서 한가롭게 일광욕을 즐기던 거미 한 마리, 파리가 날아들자 자세를 낮추었어요. 머리가슴을 되도록 낮게 숙이고 다리를 조금씩 움직이며 파리에게 다가가네요. 파리는 맛있는 음식을 먹고 왔는지 거미가 다가오는 것도 모르고 발바닥 청소에만 신경을 씁니다. 관찰하는 나도 숨을 죽이고 거미의 행동을 바라봅니다.

1 다른 종류의 거미를 포획해 먹고 있는 수컷. 2 나뭇잎을 모으고 있는 수컷. 3 나뭇잎 위에서 쉬는 암컷.

파리의 급소를 물고 있는
줄연두게거미.

줄연두게거미는 파리와의 거리를 점점 좁히더니 쏜살같이 달려들어 파리의 목 부분을 물었습니다. 파리는 제대로 저항도 못하고 거미에게 잡히는 신세가 되었지요. 거미의 민첩한 행동처럼 나도 얼른 카메라를 들고 찍기 시작했습니다. 안타깝게도 삼각대를 준비하지 못해 이 중요한 장면을 잘 찍지 못하면 어떻게 할까 걱정 때문에 평소보다 더 많은 사진을 찍었습니다. 줄연두게거미도 사냥에 대한 기쁨 때문인지 아니면 너무 배가 고팠는지 파리를 잡은 상태에서 오랫동안 움직이지 않아 촬영은 비교적 순조롭게 이루어졌습니다.

잠시 후 줄연두게거미는 나와 눈이 마주치자 파리를 물고 버드나무 잎 뒤로 숨어 버렸습니다. 나뭇잎을 이리저리 뒤져보고 흔들어 보았습니다. 그러자 줄연두게거미는 안전실을 내고 버드나무 아래로 떨어지더군요. 파리를 놓치지 않으려고 무던히 애를 쓰면서 말입니다.

녀석과의 숨고 찾기를 반복하다가 좋은 장면을 포착해 마음에 드는 사진을 얻었습니다. 녀석도 이제 지쳤는지 풀잎 위에서 파리를 문 채 다리를 넓게 펼치고 앉아 있습니다.

종꼬마거미

작지만 위대한 건축 예술가

2006년 9월 9일, 학회 참석 차 제주도를 방문했습니다. 제주도는 우리나라에서 가장 큰 섬이고, 남한에서 가장 높은 한라산이 있는 곳입니다. 이번 방문은 학회 참석뿐 아니라 한라늑대거미를 채집하려는 목적도 있었습니다. 해발이 높은 한라산 정상 부근에만 서식하는 한라늑대거미를 채집하려는 계획과 생애 처음으로 백록담에 오른다는 계획에 마음이 자꾸만 설렙니다.

해발 1500미터 고지까지 계속되는 계단. 설레던 마음과 달리 우리 일행은 서서히 지쳐갔지만 중간에 포기할 수는 없었습니다. 이를 악물 산행 끝에 1500고지에 다다랐고, 도시락을 먹은 뒤 비장한 각오로 정상을 향해 걸었습니다. 정상에 거의 오르고 보니 화창했던 날씨가 자욱한 안개로 바뀌어 바로 앞에 있는 사람도 알아보기가 어렵습니다. 백록담커녕 코앞도 보이지 않으니 이만저만 실망이 아닙니다. 평소에 덕을 많이 쌓지 못해서인가 봅니다.

단체 기념촬영을 하는 둥 마는 둥 하고 백록담에서 조금 내려와 한라늑대거미를 찾아보았지만 그 역시 실패하고 말았습니다. 다음을 기약하며 한라산을 내려와 숙소로 돌아오는 길에 이국적인 제주도의 풍경을 보려고 함덕리 마을을 찾았습니다. 마을 주변을 거닐다가 사

1 바위틈 사이에서 지나가는 개미류를 잡았다. 2 흙 알갱이들을 모아 종 모양으로 은신처를 만들었다. 3 바위 밑에 종 모양의 종꼬마거미 은신처가 3개 보인다.

람 키보다 높은 도로 옆 절벽에 다다랐고, 그 절벽 구석진 곳에 많은 꼬마거미들이 보였습니다.

불규칙한 거미줄이 여러 개 늘어서 그물망 형태를 만들고, 그 가운데에 꼬마거미들이 거꾸로 매달려 있었습니다. 어미 주변에는 알주머니가 1개 또는 2개 매달려 있고, 알주머니의 크기는 0.5센티미터 정도였습니다. 거미그물에 손을 대보니 끈적끈적한 점액성은 그다지 많지 않았고, 알집은 조금 긴 원형이었습니다.

어미는 알집을 보호하다가 위협이 느껴지면 바로 땅 아래로 떨어집니다. 떨어진 녀석을 가만히 살펴보니 다리를 몸 쪽으로 바짝 당겨 죽은 척을 하는데, 종꼬마거미 암컷입니다. 암컷은 주로 거미그물 가운데 머무르며 먹이 사냥을 하는 대신 수컷은 거미그물 바깥쪽에 있는 바위틈에 숨어 있습니다. 부끄러워서는 아닐 것 같은데, 배고픈 암컷에게 잡아먹힐지 몰라 숨어 있는 것 아닐까요?

종꼬마거미의 거미그물은 독특합니다. 자기가 사는 주변의 모래알갱이, 흙, 이물질 등을 불규칙 그물 가운데로 가져다가 은신처를 만드는데 그 모양이 마치 종처럼 생겨 붙여진 이름입니다. 백록담 풍경과 한라늑대거미를 보지 못해 아쉬웠지만, 종꼬마거미를 볼 수 있어 그나마 위안을 삼고 비행기에 몸을 실었습니다.

내 삶을 위해 종을 만들다

왜종꼬마거미는 종꼬마거미와 비슷한 환경에서 살며 모양도 비슷해 눈으로 보아 판단하기가 매우 어렵습니다. 밭이나 도로 옆 절벽 홈 패인 곳, 바위 밑 등에 불규칙 그물을 만들고 삽니다. 불규칙 그물 중간에 모래나 낙엽 부스러기, 티끌 등을 이용해 종을 엎어 놓은 것처럼 만들어서 붙여진 이름이며, 종 모양 은신처는 왜종꼬마거미의 몸을 숨기는 은신처이자 수컷과 짝짓기가 끝난 뒤 알을 낳는 산란 장소이기도 합니다.

왜종꼬마거미의 거미그물은 땅 위와 바위 혹은 돌 사이를 거미줄로 연결해 놓은 형태로, 주된 먹이는 땅 위를 기어다니는 거미이고 다른 작은 곤충들도 잡아먹습니다. 거미그물에 끈적끈적한 점액성이 있어 주변을 지나가는 먹이를 포획합니다.

1 모래, 흙덩어리 등을 이용해 은신처를 만든 왜종꼬마거미.
2 자신의 몸보다 훨씬 큰 왕침노린재를 포획하고 있다.
3 나뭇가지 위를 이동하는 왜종꼬마거미 수컷.

낙엽을 이용한 나만의 펜션

잎이 다 떨어진 싸리나무에 낙엽 한 장이 걸려 있네요. 그것도 거미그물 한가운데. 무심히 지나가면 거미그물에 낙엽이 걸려 있는 것처럼 보이지만 자세히 살펴보면 거미가 낙엽을 이용해 자신의 은신처를 만들었음을 알 수 있습니다. 거미그물 한가운데 거미가 나와 있으면 천적들로부터 공격을 받기 쉬우므로 자신의 몸을 보호하기 위해 낙엽을 이용한 것이지요. 낙엽 이외에 나무껍질이나 씨앗, 이물질 등을 이용해 은신처를 만들기도 합니다. 거미는 작지만 자신을 보호하기 위한 뛰어난 능력이 있습니다.

거미그물은 밑면 너비 15센티미터, 높이 18센티미터 정도로 불규칙한 사각형 모양을 이루고 있네요. 거미그물 군데군데 솔잎이 몇 잎 떨어져 있고, 중간에 떨어진 영산홍 잎을 점박이꼬마거미가 은신처로 이용하고 있습니다.

거미그물을 자세히 살펴보니 밑면은 조밀한 형태로 점액성이 조금 많고, 세로줄은 점액성이 거의 없었습니다. 세로줄은 날아가는 곤충이나 소형 동물들이 비행 중에 이동을 방해받아 밑으로 떨어지게 하고, 점액성이 많은 밑 그물에 떨어지면 점박이꼬마거미는 그 상황을 놓치지 않고 사냥하는 것으로 생각됩니다. 점박이꼬마거미는 주변

1 점박이꼬마거미의 전형적인 거미그물. 2 몇 개의 침엽수 잎을 이용해 불규칙한 그물 내에 은신처를 만들었다. 3 은신처 내에 여러 개의 알집과 이미 깨어난 새끼들이 보인다. 4 점박이꼬마거미의 거미그물.

낙엽 속에 은신했던 새끼 거미들이 분산을 위해 사방으로 퍼지고 있다.

낙엽과 지형지물을 이용할 줄 아는 꾀 많은 녀석으로 자신을 숨기는 기술인 은폐술이 놀랄 만큼 뛰어납니다. 거미그물을 여러 차례 건드려 봐도 동요가 전혀 없다가 먹이가 걸리자마자 바로 은신처에서 내려와 포획합니다.

그런데 웬일일까요? 2004년 10월 17일 강원도 춘천 신숭겸의 묘에서 관찰한 녀석은 거미그물에 썩덩나무노린재가 떨어졌는데도 전혀 반응이 없네요. 한참을 기다리다가 거미 은신처를 자세히 살펴보았습니다. 은신처 바로 안쪽에 하얀 물체가 보였습니다, 바로 거미 알주머니였습니다. 그렇습니다. 이 녀석은 알을 보호하기 위해 먹이를 포기한 것 같습니다. 머지않아 부화될 알들을 위해 굳건히도 배고픔을 참고 있는 것 같습니다. 거미의 모성애가 얼마나 대단한지 느낀 계기였습니다.

거미의 은신처에는 알 덩어리 5개가 들어 있었습니다. 알 덩어리 안에는 여러 개의 알이 들어 있지만, 몇 개인지는 셀 수 없었습니다. 유백색 알들은 부화되어 빠르면 늦가을에 분산하는 것 같습니다. 2006년 9월 초에 제주도 삼성혈에서, 10월 초에는 용인의 한 식물원에서 새끼들이 쏟아져 나오는 것을 목격했습니다.

1센티미터 정도밖에 되지 않는 거미 새끼들이 아래로 안전실을 내고 떨어집니다. 조그마한 거미들이 꼬물거리며 움직이는 모습이 참 귀엽네요. 배 모양은 동그랗고 통통한 편이며, 노랗거나 짙은 노란색을 띠고 있습니다. 이 새끼 거미들은 서로의 먹이 경쟁을 피해 멀리 더 멀리 분산하겠지요.

잔꾀의 명수, 나 죽었어?

2010년 한 해 동안 하루에 두 번씩 꼭 만나는 거미가 있었습니다. 바로 말꼬마거미로, 만나는 장소는 엘리베이터입니다. 저희 집은 아파트 7층으로 엘리베이터를 이용해 오르내리곤 합니다. 어떻게 말꼬마거미가 엘리베이터를 타게 되었는지는 알 수 없지만 이 녀석은 엘리베이터의 열고 닫히는 문에 설치된 2중으로 된 유리 부분 가운데 안에서 살고 있었지요. 아마도 알에서 부화되어 몸의 크기가 작을 때 문 안쪽으로 들어간 것이라 생각됩니다. 엘리베이터를 탈 때마다 녀석이 잘 자라고 있는지 살펴봅니다. 어느 날 녀석이 보이지 않으면 혹시 떨어지거나 문에 끼어 죽지는 않았는지 걱정한 적도 있습니다.

말꼬마거미는 주로 집 주변 건물이나 화장실, 정자, 창고의 벽이나 천장 밑, 야외의 도로 경계 축대 등에서 살고 있습니다. 불규칙 그물을 쳐 그 속에서 은신하며 먹이를 잡아먹습니다. 다른 장소에서 거미 그물을 손으로 만져보니 원형 그물 같이 끈끈한 점액성은 별로 없지만 노린재나 모기류, 파리류, 하루살이나 각다귀 등 집 주변에 몰려드는 곤충들과 다른 종의 거미들을 잡아먹기에는 부족하지 않습니다.

말꼬마거미의 배는 둥그린 원형에 가깝고, 환경에 따라 몸 색깔이 다양합니다. 전북 고창의 선운사에서 관찰한 2007. 6. 6 녀석은 기와집

1 알에서 깨어난 말꼬마거미 새끼들. 2 암컷보다 다소 작은 수컷 말꼬마거미가 짝을 찾고 있다. 3 불규칙 그물 안에 암컷과 수컷이 나란히 쉬고 있다(오른쪽 검은 개체가 암컷). 4 물방울이 맺힌 말꼬마거미의 불규칙 그물.

담장에 불규칙하게 거미그물을 만들고 그 가운데에 머무르고 있었으며, 옆에는 동그란 볼 모양의 알주머니가 1개 매달려 있었어요. 알주머니는 짙은 갈색을 띠고 있었으며, 주변에 좀 더 조밀한 망이 쳐져 있는 것으로 보아 어미 거미가 알을 보호하기 위해 더 많은 거미그물을 친 것 같았습니다.

조심스럽게 알주머니를 살펴보니 6월이었는데도 알들이 이미 부화한 상태였습니다. 새끼들이 뚫어진 알주머니 구멍으로 쏟아져 나오기 시작했습니다. 얼른 채집통을 대고 새끼들의 수를 세어보니 45마리였어요. 처음에 놓친 2마리까지 포함해 모두 47마리의 새끼들이 알주머니 하나에 들어 있었네요. 낯선 이방인인 나를 보고 어미도 놀랐는지 거미줄을 길게 드리우며 땅 아래쪽으로 줄을 타고 내려갑니다. 잠시 후 안전하다고 생각했는지 내려온 줄을 타고 다시 거미그물 중앙으로 올라갑니다.

알주머니에서 나온 새끼들을 채집통에 받아 어떻게 할까 고민하다가 알주머니가 있는 곳에 다시 뿌려 놓기로 마음먹고 채집통을 들고 그물 가운데로 움직여 새끼들을 아래로 내려주었습니다. 거미줄을 타고 알주머니 근처로 가는 녀석들도 있고, 바람에 날려가는 녀석들도 있습니다. 따뜻한 6월이니 멀리 이동해서 자신의 서식처를 만들고 잘 살 수 있을 거란 생각이 들어 미안한 마음을 달래고 돌아서려는데, 내 행동에 놀란 어미가 거미그물에서 도망치다가 땅 아래로 떨어졌습니다. 혹시나 죽지 않았나 보니 어미는 다리를 자기의 몸 쪽으로 잔뜩 움츠리고 죽은 척을 합니다. 곤충들 중에도 바구미나 딱정벌레의 종들이 죽은 척을 하는데, 거미도 자신을 보호하기 위해 죽은 척을 합니다. 말꼬마거미의 그런 행동이 귀엽게 느껴졌습니다.

1 노린재류를 포획한 암컷 말꼬마거미. 2 풍뎅이류를 포획한 말꼬마거미 암컷. 3 커다란 나방류 애벌레를 포획한 암컷.

숲속의 꼬마신사

2009년 9월 18일, 칠보산 산행을 위해 아내와 같이 산에 오릅니다. 칠보산은 수원과 화성의 경계에 위치한 산으로 옛날에 보물이 8개 있었는데, 그 보물 중 하나인 금계를 누군가가 가져갔기 때문에 이제는 보물이 7개만 남아 칠보산이라고 부른다고 합니다. 칠보산 정상에 올라 물 한 모금 마시고 눈앞에 보이는 전경을 바라봅니다. 잠시 쉬고 있는데 옆에서 어떤 꼬마가 아빠에게 질문하는 소리가 들립니다.

"아빠, 칠보산 보물 중 금계를 누가 가져갔는지 아세요?"

"내가 보지도 못했는데 그걸 어떻게 아니?"

"아빠, 저는 누군지 아는데요."

"그래? 누구니?"

"대장금이에요."

"왜, 대장금이니?"

"대장금 드라마를 보니까 장금이가 임금님 수라상을 차리기 위해 금계를 잡아가던걸요."

일순긴 그곳은 웃음바나가 뇌었습니다. 참으로 재치 있고 똑똑한 아이구나 생각하면서 칠보산을 내려왔어요. 산을 거의 다 내려올 무

1 2~3가닥으로 된 간단한 거미그물을 치고 먹이를 기다리는 꼬리거미 암컷. 2 거미그물을 회수하는 수컷 꼬리거미. 3 안전줄을 나뭇잎에 붙이고 이동 중인 미성숙 수컷.

렵 물소리가 너무 좋아 계곡으로 가려던 차에 거미 한 마리가 눈에 들어왔습니다. 아내에게 물어보았지요.

"여보. 지금 여기에 있는 것이 무엇처럼 보입니까?" 그러나 아내는 "글쎄요. 곤충도 아니고 잘 모르겠는데요" 합니다. "이게 바로 거미랍니다" 하고 말하자 아내는 "이게 어떻게 거미에요. 꼬리만 긴데" 합니다. "꼬리가 유난히 길기 때문에 꼬리거미라고 해요. 잘 보면 다리가 8개인 게 보이지요?"

"정말 다리가 8개네. 거미 맞네요"

꼬리거미는 주로 침엽수림 특히 소나무나 잣나무 등에 살아요. 침엽수 사이에 거미줄을 서너 가닥 치고 먹이를 잡아먹으며, 소나무나 잣나무처럼 녹색을 띠기도 하고 가을에 잣나무 잎이 갈색을 띠면 꼬리거미도 갈색을 띱니다. 이와 같이 황색형과 녹색형을 띠는 것은 몸

1 불규칙 그물 안에서 알집을 지키는 암컷 꼬리거미. 2 녹색형 미성숙 수컷(갈색형을 띠는 개체도 있음).

색깔을 주변 환경과 비슷하게 해 보호하는 역할을 합니다. 꼬리거미의 꼬리가 유난히 긴 이유는 침엽수의 잎처럼 자신을 보호하기 위해 의태를 했기 때문이지요. 소나무와 같은 침엽수에 숨어 있으면 감쪽같아 찾기가 어렵답니다.

칠보산(七寶山): 진악산 또는 치악산으로도 불림

칠보산은 수원시와 안산시, 화성군의 경계에 있는 산으로 높이는 238.8미터입니다. 과거 칠보산은 산삼, 맷돌, 잣나무, 황금수탉, 호랑이, 절, 장사, 금, 이렇게 8개 보물이 있어 팔보산으로 불리었다고 합니다. 그러던 중 장사꾼인 장씨가 어두운 저녁 비들치(비늘치) 고개를 넘다가 조그마한 샘 근처에 빠져 있는 닭을 구하게 되는데, 그 닭이 바로 팔보산의 보물 중 하나인 황금수탉이었습니다.

장씨는 날이 저물어 주막에 머무르다 도적떼에게 잡혀 죽게 되는데, 도적떼가 빼앗은 황금수탉을 잡으려 하자 맑은 하늘에서 천둥 번개가 내리쳤고, 겁을 먹은 도적떼는 황금수탉을 두고 도망갔습니다. 이에 황금수탉은 목청 높여 크게 한 번 울고는 보통의 닭으로 변해 그 자리에서 죽고 말았다는 이야기가 전해오고 있습니다. 황금수탉을 잃고 7개의 보물만 남은 뒤로 칠보산이라고 불린다고 합니다.

칠 보 산 의 유 래

칠보산은 원래 화성군 매송면에 속해있는 산이었으나, 1987년 1월1일에 수원시로 편입되었다.(일부)
해발 238.8m에 산으로 산능선이 매우 완만하여 노약자나 여성들의 동산코스로 적당하며, 자연생태학습장으로 개방하고있다.
칠보산은 옛부터 8개의 보물(산삼, 멧돌, 잣나무, 황계수닭, 범절, 장사, 금, 금닭)이 숨겨져 있다는 전설이 전해져왔으나 어느때인가, 한개의 보물인 금닭을 누군가가 가져가 칠보산이란 이름이 되었다고 한다.

수 원 시

1 칠보산 용화사 정상. 2 칠보산의 유래에 대한 설명이 소개된 입간판.

기막힌 장소에 은신처 만드는 전략가

2007년 6월 3일, 나비를 찾아 경기도 가평에 있는 연인산에 갔습니다. 연인산 입구에서 채집망을 들고 뛰어다니며 모시나비를 찾다가 목도 마르고 휴식도 필요해 마을 쪽으로 걸어 올라가고 있었습니다. 백둔리 보건소를 지나 자연학교 입구로 한참 걸어가다가 우연히 도로 옆 가드레일 한구석에 있는 거미가 눈에 들어왔습니다. 바로 넓은잎꼬마거미였습니다. 동그란 배 부분에 식물의 잎을 닮은 넓은 무늬가 있어 붙여진 이름입니다. 해발이 높은 곳에 사는 산지성 거미를 연인산 등산로 입구 마을에서 보게 된 것입니다.

불규칙하게 늘어놓은 먹이그물 구석에 날도래와 깔따구의 사체가 보입니다. 연인산 자락을 길게 굽이쳐 흐르는 계곡 주변에 서식처를 만든 까닭에 수서곤충들이 많이 포획된 것입니다. 넓은잎꼬마거미는 물속에서 애벌레 시기를 거치고 어른벌레가 되어 물 밖으로 나오는 수서곤충을 포획하기에 이 장소가 좋다고 생각한 것 같습니다. 가만히 주변을 살펴보니 가로등도 있고 인근 민가에서 새어나오는 불빛도 있어 계곡을 벗어난 곤충들을 유인하기에 적당한 장소였습니다.

불규칙 그물을 만든 넓은잎꼬마거미는 봄을 움츠린 채 전혀 움직이지 않고 나의 반응을 보는 것 같았습니다. 촬영을 마치고 손으로 거미그물을 조심스레 만져보자 다른 꼬마거미들과 마찬가지로 바로 땅 아래쪽으로 떨어집니다. 땅에 떨어진 채 죽은 척하는 폼이 '귀찮게 하지 말고 저리 가시지요' 하는 것처럼 보입니다.

나도 이에 질세라 "그래 누구의 인내심이 더 긴 지 대결해 보자" 하고 녀석이 움직일 때까지 턱을 괴고 기다려 봅니다. 나를 응시하던 녀석은 '지독한 녀석을 만났구나' 하는 표정을 보이며 수풀 속으로 기어 달아납니다.

2008년 8월 15일, 경북 봉화군의 고선계곡에서 또 다른 넓은잎꼬마거미를 만나게 되었습니다. 차량이 통행하는 도로와 밭의 경계선

나뭇잎 위를 배회하는 넓은잎꼬마거미 암컷.

에 홀로 선 무궁화나무 한 그루, 그곳에 무궁화 잎 서너 장을 거미줄로 엮어 거미그물을 만들었네요. 거미그물의 형태는 전체적으로 마름모꼴이지만 불규칙해 일정한 형태를 갖추지는 않았습니다. 전체 길이 20센티미터 정도이며, 세로 쪽은 15센티미터 정도였습니다.

넓은잎꼬마거미는 거미그물 중앙에 나뭇잎 2~3장을 모아 은신처를 만들고 그 아래에 거꾸로 매달려 은신하고 있습니다. 은신처는 조밀한 거미줄을 여러 겹으로 덧대 만들었습니다. 거미그물의 점성을 알아보려고 가로줄에 오른쪽 새끼손가락 끝을 대어 당겨보니 3~5센티미터 왔다가 떨어졌지만 끊어지지는 않았습니다. 세로줄은 가로줄보다 점성이 없었습니다.

넓은잎꼬마거미는 산지성 거미라 발견하기가 쉽지 않습니다. 해발이 높고 산림이 많은 산지로 가야만 볼 수 있답니다.

1 동그란 모양의 알집을 지키고 있는 암컷. 2 나뭇잎 위에 머무르고 있는 수컷.

돌 밑에 사는 예쁜 거미친구

반달꼬마거미를 처음 만난 곳은 2001년 4월 25일 제주도의 자연사 박물관이었습니다. 박물관에 근무하는 지인을 만나 주변 경관을 돌아보다가 꽤 큼직한 바위를 발견하고 나도 모르게 그곳으로 발길을 옮기기 시작했습니다. 바위 곁에 다다르니 검은색 거미 한 마리가 눈에 들어왔습니다. 거미 관찰을 시작한 지 얼마 안 된 시기라 어떤 종인지 궁금했습니다. 얼른 도감을 펴 들고 살펴보니 반달꼬마거미였습니다.

도감으로만 보아오던 녀석이라 얼마나 반가웠던지 기쁜 마음으로 카메라를 꺼내 사진을 찍기 시작했습니다. 알 모양으로 생긴 검은색 배에 앞쪽으로 반달무늬가 있어 반달꼬마거미라는 이름을 붙였구나 하는 생각이 들었습니다. 참으로 멋지고 예쁜 이름입니다.

반달꼬마거미를 두 번째로 만난 것은 2007년 5월 20일 경기도 연천입니다. 와초교 다리 밑 하천지역을 조사하던 중이었습니다. 열심히 돌을 헤집고 다니며 거미를 조사하고 있었습니다. 다리 위로는 군인들이 행군하며 간혹 군가를 부르기도 했습니다. 군인들은 하천을 누비며 돌을 뒤집는 내가 궁금했는지 "뭐 하십니까?" 묻기도 합니다. 거미를 조사하는 중이라고 대답하니 의아한 표정을 하곤 곧 행군을

불규칙 그물에 머물고 있는 암컷 반달꼬마거미.

계속합니다.

여기 저기 돌을 헤치며 걷다가 마주친 것이 바로 반달꼬마거미입니다. 돌 밑에 다른 꼬마거미과들의 무리처럼 불규칙 그물을 치고 살색의 공 모양 알주머니를 만들어 보호하고 있는 암컷이었습니다. 섬이 아닌 내륙에서는 처음 보는 거라 무척 반가웠는데, 수컷도 같이 있으면 더 좋겠다는 생각에 이리저리 찾아보았지만 보이지 않았습니다.

또 다른 수확도 있었습니다. 반달꼬마거미의 알주머니를 자세히

1 작은 동물을 포획 중인 암컷. 2 암컷 반달꼬마거미의 외부 생식기 주사전자현미경 사진. 3 반달꼬마거미 수컷의 더듬이다리 주사전자현미경 사진.

살펴보니 알에서 깨어난 새끼들이 알주머니 안에서 꼬물거리고 있었습니다. 이참에 새끼들의 수를 세어보기로 했습니다. 미리 준비해온 넓은 반찬통 안에 알주머니를 놓고 혹시 새끼들이 다칠지 몰라 조심스럽게 작은 붓으로 나누며 헤아려 보니 모두 164마리였습니다. 새끼들은 어미가 머물러 있던 바위 밑에 알주머니와 함께 놓아두고 돌아왔습니다. 수컷은 발견하지 못했지만 처음으로 반달꼬마거미의 새끼 수를 헤아렸다는 기쁜 마음을 안고 새끼들이 무사히 자라길 바라면서.

다음 달인 6월 야외에서 조사한 또 다른 반달꼬마거미의 알 수를 세어보니 119개인 것으로 보아 반달꼬마거미의 알 수는 100~200개인 것 같습니다.

거미줄이 건망증을 걷어 간다고?

음력 7월 7일은 옥황상제의 노여움을 산 견우와 직녀가 까마귀와 까치가 놓아준 오작교를 타고 일 년에 단 한 번 만나는 날로 알려져 있습니다. 이 날은 '까마귀도 칠월 칠석은 안 잊어버린다'는 속담이 있을 정도로 누구나 기억하는 세시풍속 중 하나지만, 건망증이 아주 심한 사람의 경우 거미줄을 미리 걷어두었다가 그 사람의 옷 갈피나 관모 속에 몰래 넣어두면 건망증이 사라진다는 이야기가 있습니다. 베 짜는 솜씨가 매우 좋은 직녀와 거미줄을 이용해 거미그물을 만드는 거미의 이미지가 비슷하기 때문에 전해진 이야기로 생각됩니다.

칠석날 새벽 부녀자들은 과일 상을 올려놓고 절을 하는데, 저녁이 되어 상 위로 거미줄이 쳐 있으면 하늘에 있는 직녀가 소원을 들어줄 것이라고 기뻐했다고 합니다.

또한, 조선시대 『동국세시기』에 따르면 서당에서는 남자 학동들이 견우직녀를 시제로 한 글짓기대회를 하거나 여자 아이들이 직녀성에 바느질 솜씨를 겨루는 '걸교'라는 풍속이 있었다고 합니다.

굶주린 암컷, 짝짓기하려는 수컷

별연두꼬마거미는 크기가 5~6밀리미터로 작은 꼬마거미과에 속합니다. 배 모양은 계란형으로 몸 색깔의 변이가 비교적 많은 종입니다.

이 녀석을 만난 곳은 2005년 5월 5일 소백산 중턱으로, 자동차를 타고 산 고개를 넘고 있었습니다. 하루 종일 운전하며 곤충과 거미를 관찰하다 보니 힘도 들고 잠시 허리도 펼 겸 차를 길가에 세우고 동료와 함께 냇가로 내려갔습니다. 좁은 계곡인데도 작은 물고기들이 물반 고기반이라 할 정도로 많았습니다. 장난기가 발동한 동료는 곤

나뭇잎 뒤에서 먹이를 기다리는 암컷 별연두꼬마거미.

충 채집망을 들고 내려와 고기를 잡으려고 물속으로 포충망을 집어넣었습니다. 그러나 물을 먹은 포충망은 쉽게 위로 당겨지지 않았고 겨우 물고기 서너 마리를 잡았습니다.

고기를 잡아먹고자 했던 것보다는 무료함을 달래려는 놀이였기에 물고기들을 놓아주고 포충망을 챙겨 다시 고개를 넘기 시작했습니다. 점점 울창한 숲이 나와 거미를 관찰하기로 했습니다. 여기저기 다니며 카메라 셔터를 누르던 순간, 아뿔사! 굶주린 별연두꼬마거미 암컷이 짝짓기를 하려던 수컷에게 순식간에 달려들어 독이빨로 물어버렸습니다. 암컷에 비해 크기가 작은 수컷은 도망도 쳐보지 못하고 잡아먹히고 말았습니다.

무당거미 암컷이 수컷을 잡아먹는 광경을 한두 번 목격한 적이 있지만 쉽게 관찰하기 어려운 별연두꼬마거미 암컷이 수컷을 잡아먹는

아직 미성숙한 어리 수컷이 나뭇잎 사이에 숨어 있다.

순간은 처음 보았습니다. 나는 그 자리에 얼어붙고 말았지만, 이내 정신을 차리고 사진을 찍었습니다. 자연 생태계에서 먹고 먹히는 먹이사슬, 거기에 내가 끼어들 이유는 없었으니까요.

다른 한 쪽에 아직 성숙하지 못한 수컷이 인기척에 놀랐는지 아니면 수컷을 잡아먹는 암컷의 행동에 놀랐는지 잔뜩 움츠리고 숨어 있네요.

1 굶주린 암컷이 수컷을 잡아먹고 있다. 2 암컷에게 잡아먹힌 후 허물만 남은 수컷 별연두꼬마거미.

접시그물 짜기의 절대 고수

2010년 7월 17일, 벚나무사향하늘소의 생태를 촬영하려고 동료들과 함께 경기도 하남시 상산곡동의 산에 올랐습니다. 포충망과 카메라를 어깨에 메고 산을 오르려니 지나가는 행인들의 시선이 그림자처럼 따라옵니다. 한 사람도 아닌 세 사람이 비슷한 복장에 망을 들고 다니니 꽤 궁금했나 봅니다. 결국 행인 한 분이 눈을 크게 뜨고 물어봅니다.

"산에 고기 잡으러 가는 것은 아닌 것 같고, 뱀 잡으러 가시나요?"

우리 일행이 황당한 질문에 대답 없이 웃기만 하자 재차 "뱀을 잡느냐?"고 물어봅니다. 마지못해 "아니오. 곤충채집 갑니다" 했더니 의아한 반응입니다. 어른들 셋이서 곤충채집을 다닌다니 심심한 백수들로 보였나 봅니다.

오래된 복숭아 과수원이 있는데 관리를 하지 않아 많은 나무들이 고사 직전입니다. 그곳에서 벚나무사향하늘소 생태사진을 찍고 일어나려는 순간 나뭇가지 사이에 거미그물이 2개나 보입니다. 위에 있는 거미그물은 복숭아나무 가지 4개의 끝을 연결해 불규칙 그물을 만들었는데 U자형 접시 모양입니다. 위쪽은 그물이 얼기설기 늘어져 있고 U자형 아래쪽은 조밀해 마치 접시 같습니다. 그 접시 모양 아

2단 형태의 검정접시거미그물.

래에 암컷 검정접시거미가 보입니다.

그 아래로 거미그물이 불규칙하게 여러 갈래 가로로 늘어져 있고 나뭇가지가 분기되는 지점 바로 위에 또 다른 거미그물이 보입니다. 이 그물은 오른쪽으로 치우치게 거미줄이 빽빽하게 쳐 있지만 전형적인 접시거미그물 형태는 아닙니다. 이 거미그물에서는 거미를 찾지 못해 또 다른 형태의 검정접시거미의 거미그물인지 아니면 다른 종의 거미그물인지 확인할 수 없었습니다.

다음 해인 2011년 검정접시거미를 만난 것은 5월 22일입니다. 경기도 수원 칠보산을 탐사하다가 죽은 나뭇가지에서 검정접시거미를 보게 되었습니다. 크기가 조금 작은 수컷이 거꾸로 매달린 암컷의 배 밑으로 파고들어가 짝짓기를 시도하고 있었습니다. 수컷은 더듬이다리로 암컷의 배를 조심스레 두드리고 암컷의 허락을 받았는지 더

U자형 접시그물 밑에 은신해 있는 암컷 검정접시거미.

듬이다리를 암컷의 외부생식기에 삽입하고 정액을 주입합니다. 보다 많은 정액을 사출하기 위해 배를 위아래로 흔들어 혈액을 상승시켜 정액의 원활한 이동을 촉진합니다.

짝짓기 시간은 수 분간 지속되었고, 간혹 방향을 바꾸기도 했습니다. 3회 반복해 짝짓기하는 것을 관찰했지만 그 횟수를 다 조사하지는 못했습니다. 짝짓기가 끝난 검정접시거미 암컷은 거미그물이 다 망가지지 않는 한 보수하지 않는 것 같습니다. 송홧가루와 불순물 등 이물질로 점액성이 떨어진 거미그물에 먹이가 잘 걸릴지 의문이 듭니다. 암컷 검정접시거미가 거미그물을 보수하지 않는 이유는 거미그물 보수에 에너지를 쓰는 것보다는 산란을 대비해 에너지를 보충해 두는 것이 더 현명하다고 생각하기 때문인 것 같습니다.

짝짓기는 거미그물 망 구조 2개 중 위쪽에 위치한 거미그물 아래 중앙 부분에서 이루어졌고, 그 밑에는 하남시에서 관찰한 바와 같이 다른 보조 그물이 2단으로 이루어져 있었습니다. 아마도 다른 천적들로부터 자신의 몸을 보호하기 위한 은신처나 피난처인 듯합니다. 검정접시거미의 거미그물은 접시거미과 거미들이 만드는 접시모양의 전형적인 예라 할 수 있습니다.

1 전형적인 접시그물 형태를 보여주고 있다. 2 접시그물 형태가 아닌 불규칙 그물. 3 검정접시거미의 그물(칠보산, 2008. 5. 17). 4 나무껍질 위를 배회하고 있는 수컷.

추억의 솜사탕이 먹고 싶어진다

공원이나 유원지의 솜사탕 파는 곳에는 아이들이 많이 몰립니다. 커다란 철통 가운데로 설탕을 부으면 신기하게도 풀어진 솜들이 회전하면서 젓가락을 꽂으면 솜사탕이 되어 나옵니다. 맛을 떠나 그 모양에서 아이와 어른 모두 감탄하게 됩니다.

2005년 10월 11일, 강원도 평창의 백덕산에서 솜사탕 모양으로 생긴 거미그물을 본 적이 있습니다. 말라 죽은 쑥 종류에 만들어져 있었지요. 거미그물의 바깥쪽 외각 기초실은 끈적한 점액성이 거의 없어 먹이를 포획하는 사냥터는 아닌 것 같습니다. 거미집을 지탱하는 기둥 즉, 기초실 역할을 하는 것으로 보입니다. 이 그물의 사냥터로 보이는 부분은 가지와 가지 사이의 그물망 형태로, 손을 대보니 점액성이 있어 손 닿은 쪽으로 거미줄이 딸려 옵니다.

거미줄의 주인은 거미그물 중앙 부분인 풀씨 아래 숨어 있습니다. 어떤 녀석일까 궁금해 죽은 나뭇가지를 꺾어 움직이게 해보니 당황했는지 멈칫합니다. 미안한 마음에 더 이상 괴롭히지 않고 그냥 지켜보기로 했습니다. 그러자 안정을 찾았는지 거미줄을 타고 성급히 도망갑니다.

대부분의 접시거미들처럼 배 모양이 타원형이며, 배 윗면에 암갈색

1 위협을 느낀 쌍줄접시거미가 마른 나뭇가지에서 몸을 움츠리고 있다. 2 나뭇잎 뒤에서 잠시 쉬고 있는 암컷 쌍줄접시거미. 3 거미그물을 치기 위해 이동 중인 암컷.

줄무늬가 1쌍 있습니다. 쌍줄접시거미 그물이 모두 솜사탕 모양은 아니지만 오늘 만난 녀석의 거미그물은 솜사탕을 연상케 해서 갑자기 솜사탕이 먹고 싶어집니다. 유원지에 놀러 가면 아이들과 솜사탕 한 번 사먹어야겠습니다.

1 평창 백덕산에서 관찰한 쌍줄접시거미의 솜사탕 같은 거미그물. 2 쌍줄접시거미 암컷의 거미그물.

별늑대거미

별늑대거미에는 별이 없다

아이들과 논길을 걸었습니다. 논둑에 클로버가 한 무더기 보여 네잎클로버 찾기 내기를 했습니다. 누가 먼저 행운의 주인공이 될지 모르지만 각자 자신의 구역을 정하고 네잎클로버 찾기에 한창입니다. 이리저리 클로버를 뒤지며 내게 행운이 오기를 마음속으로 빌어보지만 네잎클로버는 쉽게 보이지 않네요. 30분 이상 지난 것 같습니다. 모두가 지쳐갈 무렵 알집을 매달고 있는 거미 한 마리가 보입니다.

초등학교에 다니는 아들이 "아빠! 거미 배 밑에 달고 다니는 것이

별늑대거미들이 주로 사는 농경지 주변 전경.

알주머니 맞죠?" 하고 물어봅니다. "그래 알주머니 맞단다. 우리 아들 거미박사 해도 되겠네" 라고 대답하자 아들은 머쓱해합니다.

그 거미는 별늑대거미였습니다. 늑대거미 무리들은 대부분 알을 배 밑에 달고 다니고, 알에서 깨어난 어린 새끼들은 다시 어미의 다리를 타고 배의 윗면, 등 쪽으로 올라갑니다. 새끼들은 너무 어리기 때문에 스스로 먹이를 잡아 먹기 힘들어 어느 시기까지 어미의 등에 업혀 자라지요. 아들은 늑대거미에 대한 이야기가 파브르 곤충기에도 나온다면서 다음과 같이 이야기해 주었습니다.

"파브르는 새끼를 등에 업고 있는 어미 두 마리를 밀폐된 사각의 통 안에 놓아두고 시간이 흐른 뒤 먹이가 없는 상태에서 거미들의 반응을 보았답니다. 어미 거미들은 생존을 위해 싸우고 그 결과 강한 어미가 약한 어미를 잡아먹는데, 약한 어미의 등에 있던 새끼 거미들은 잡아먹지 않고 강한 어미가 자신의 등에 오르게 해 돌보아 준대요."

파브르 이야기 속의 주인공 늑대거미가 어느 종인지는 모르지만 아들의 이야기를 듣고 자신의 새끼들은 물론 상대방의 새끼들까지 돌보는 엄마 늑대거미의 의리가 사람 못지않다는 것을 새삼 느꼈습니다.

1997년 5월 14일, 석사 논문 때문에 논거미를 조사하려고 논길을 걷다가 알주머니를 달고 도망가는 거미들이 있어 자세히 살펴보았습

1 알주머니를 배 밑에 달고 나니는 암컷. 2 암컷보다 작은 수컷이 지면을 배회하고 있다. 3 알에서 깨어난 새끼들이 어미의 다리를 타고 등 위로 올라간 모습. 4 알주머니를 입에 물고 있는 암컷. 5 각다귀를 포획한 암컷. 6 별늑대거미의 허물.

니다. 별늑대거미였는데 별늑대거미의 별은 어디에 있는지 궁금했습니다. 그래서 동행한 후배에게 물어보았지요. 늑대거미과의 분류로 박사학위를 받은 후배가 말하기를 "우리가 생각하는 별 모양은 '☆'이지만 다른 나라에서의 별은 다른 모양일 수도 있다"고 합니다. 별늑대거미의 학명(*Pardosa astrigera*) 중 'astr'가 라틴어로 별을 뜻하기 때문에 그 뜻대로 별늑대거미라는 이름을 지은 것 같다는 얘기입니다. 그 동안 별늑대거미의 뜻을 제대로 알지 못했는데 후배 덕분에 새로운 지식을 하나 얻게 되었습니다.

황산적늑대거미

해충 잡아먹는 해적

벼가 심어져 있는 논에서 멸구류나 이화명충 같은 해충을 잡아먹는 논거미는 여러 종이 있지만 그 중 가장 효과적인 천적 선수를 하나 뽑으라면 당연히 황산적늑대거미라고 말할 수 있습니다. 황산적늑대거미의 학명은 'Pirat subpiraticus' 이며, 'pirat'는 해적산적을 의미하는 라틴어입니다. 물가 주변에 주로 서식하는 생태적 습성이 있으며, 왕성한 먹이활동을 하기 때문에 해충 잡아먹는 해적, 즉 산적으로 불린 것 같아요.

황산적늑대거미의 주요 서식처인 논.

참고로 우리나라에 살고 있는 거미의 종수는 약 726종이며, 그 중 논에 사는 논거미가 166종이니까 1/4 정도가 논과 논 주변에 살고 있습니다. 벼를 심기 전 논바닥이나 논둑에서도 쉽게 찾아볼 수 있고, 갈라진 논바닥 틈이나 베어진 벼 포기 사이에 간단한 거미줄을 여러 겹 치고 은신처를 만들기도 합니다.

황산적늑대거미의 머리가슴부는 황갈색을 띠고 있으며, 배 역시 황갈색 계란 모양이고 몸 바깥쪽으로는 흰색 털이 많이 나 있어 투명하게 보입니다. 다른 늑대거미들과 두드러지는 차이를 보여 쉽게 구별할 수 있지요. 이 거미는 낮보다 밤에 활동하는 것을 더 좋아합니

1 암컷 황산적늑대거미가 볏짚 사이를 이동하고 있다. 2 동그란 알집을 배 밑에 매달고 다니는 암컷. 3 황산적늑대거미 암컷이 매미충을 포획했다. 4 물가에서 쉬고 있는 수컷.

다. 그 이유는 먹이인 곤충들이 주로 밤에 활동하기 때문이고, 주된 천적인 새나 파충류 등에게 잡아먹힐 확률이 적기 때문입니다.

논과 논둑뿐 아니라 인근 주변의 야산까지 자유롭게 이동하는 황산적늑대거미는 물 위에서도 빠르게 이동할 수 있습니다. 벼 포기 안에 있는 해충들을 잡아먹기 위해 물 위나 벼 포기 사이로 미끄러지듯 이동해 갑니다. 곤충이 눈에 들어오면 동작을 멈추고 먹이가 가까이 올 때까지 조용하고 침착하게 기다립니다. 이윽고 먹이가 잡을 수 있는 거리에 도달하면 눈 깜짝할 사이에 점프해서 급소를 물고 독액과 소화액을 주입해 잡아먹습니다.

　황산적늑대거미는 논에 발생하는 멸구류나 매미충류를 잡아먹는 유용한 천적으로, 농약을 쓰지 않고 거미를 이용한다는 측면에서 일종의 살아있는 생물농약이라 할 수 있습니다.

1 황산적늑대거미의 은신처. 2 황산적늑대거미의 먹이가 되는 벼멸구.

친환경 논농사에 '딱'입니다.

거미는 논의 해충 발생을 억제하는 효과적인 천적으로, 친환경 농경지의 경우 논거미 발생량은 매년 증가한 반면 벼멸구 등 해충은 점차 감소된다는 보고가 있습니다. 논거미를 논농사에 활용하면 다른 천적들을 보호하고 연합해 해충을 구제하는 효과가 클 뿐만 아니라 화학농약의 양을 줄여 농사 경비를 절감하고, 사람 및 가축의 잔류농약에 대한 안전성을 높일 수도 있습니다.

　논거미는 전부 육식성이기 때문에 벼에는 전혀 피해 없이 왕성하게 해충방제를 할 수 있습니다. 논둑, 물 주변뿐 아니라 벼의 상단까지 넓게 분포하는 논거미들은 굶주림에 오래 견디고 번식도 빠르기 때문에 친환경 논농사에 더없이 좋은 동물입니다.

모래톱늑대거미

모래밭의 털북숭이 사냥꾼

해안가나 강가의 모래에서만 사는 늑대거미가 있다는 후배의 말을 듣고 직접 찾아 나서기로 했습니다. 1999년 7월 4일, 아침 일찍 후배와 만나 차를 달려 경기도 여주의 금모래은모래유원지를 찾아갔습니다. 휴가철이 지난 후라 사람들은 많지 않았지만 유치원생들이 무리를 지어 뛰어놀고 있었습니다.

후배와 나는 카메라와 채집 도구를 준비해 강가로 걸어갔습니다. 강가 맞은편 신륵사에는 제법 많은 관광객들의 행렬이 보였고, 강 위에는 황포돛배가 강물을 따라 유유히 내려가고 있었습니다. 황포돛배를 타고 싶다는 마음을 억누르고 강가와 제방 주변을 샅샅이 조사했습니다. 후배와 경쟁이라도 하듯 큰 돌 작은 돌 하나하나 뒤집으며 모래톱늑대거미를 찾았습니다. 잠시 후 돌 틈 사이로 빠른 움직임이 보여 뛰어갔지요. 작은 바위를 들자 모래톱늑대거미가 놀란 듯 나를 바라봅니다. 카메라를 집어 들고 촬영하려 했지만 어찌나 몸놀림이 빠른지 금방 도망가 버렸습니다. 저 멀리서 후배의 목소리가 들려옵니다.

"형, 모래톱늑대거미 찾았어요?"

"응, 찾았는데 촬영하기가 어렵네."

1 먹이를 찾아 헤매다가 잠시 휴식 중인 암컷. 2 암컷을 기다리는 수컷 모래톱늑대거미. 3 왼쪽 두 번째 다리를 잃은 모래톱늑대거미(다 성숙하지 않았으면 다리는 재생된다).

“저도 찾았지만 사진은 찍지 못했어요.”

“끈기 있게 한 번 따라다녀 보자.”

후배와 나는 다시 돌을 헤집고 모래톱늑대거미를 찾기 시작했습니다. 한 녀석만 골라 뒤에서 졸졸졸 따라다녔지요. 7월의 태양은 모래톱늑대거미에게도 더웠는지, 한참 따라다니다 보니 녀석도 지치기 시작합니다. 얼른 카메라를 꺼내들고 촬영을 시작했답니다. 굵은 땀방울이 이마를 타고 흐릅니다. 거미는 땀을 흘리지는 않지만 오랫동안 이동한 탓에 잠시 쉬는 시간을 가지는 것 같습니다. 이때가 거미를 촬영하기에 가장 좋은 기회랍니다. 배회성 거미, 특히 늑대거미나 깡충거미를 촬영하고 싶다면 포기하지 않고 계속 쫓아다니면 기회가 올 것입니다.

오늘은 모래밭에 주로 서식하는 모래톱늑대거미 암컷과 수컷을 모두 볼 수 있었고, 촬영에도 성공했어요. 연구실에 모래톱늑대거미 표본이 없어 표본 확보를 위해 몇 마리씩 채집도 했답니다. 무더운 하루였지만 소득이 컷네요.

몇 년 후인 2006년 5월 20일, 다시 찾은 금모래은모래유원지. 그동안 무슨 일이 있었던 것일까요. 모래톱늑대거미의 행방은 알수가 없고, 자동차 바퀴자국만 여기저기 남아 있습니다. 한 시간 이상 돌을 헤집고 다녀도 모래톱늑대거미는 보이지 않습니다. 그 동안 유원지로 널리 알려지다 보니 많은 사람들이 방문하게 되었고, 특히 4륜구동 산악용 오토바이크나 RV 자동차의 무분별한 강변 주행이 늘어 모래톱늑대거미들이 사라져버린 것입니다.

　　모래톱늑대거미는 모래와 자갈이 섞인 하천에 주로 서식하지만 쉽게 만날 수 있는 종은 아닌데, 또 하나의 서식지가 파괴되어 다시 볼 수 없다니 정말 아쉬운 생각이 들었습니다. 수도권 인근에서 손꼽을 수 있는 모래톱늑대거미의 서식지였던 여주 금모래은모래유원지, 이제는 추억 속에서만 모래톱늑대거미를 만나야 하는 것은 아닌지 걱정이 됩니다.

모래톱늑대거미의 서식처인 여주 금모래은모래유원지.

모래톱(모래-톱)

모래톱은 '모래사장'을 뜻합니다. 모래톱늑대거미는 모래사장(밭)에 서식하기 때문에 붙여진 이름입니다.

무당(갈)거미

생이 다할 때까지, 무한한 새끼사랑

가을이 왔어요. 이 산 저 산 모든 산들이 울긋불긋 단풍으로 물들어 있습니다. 연구실 앞 단풍나무도 빨갛게 물들어 예쁘게 보입니다. 단풍나무 사이로 거미가 한 마리 보이네요. 다리가 길고 배가 통통하고 배 끝의 실젖 부분이 단풍나무 잎처럼 빨갛고, 노란색과 검은색 띠가 번갈아 있는 것을 보니 무당거미네요. 무당거미는 무당개구리나 무당벌레처럼 몸 색깔이 빨간색이나 노란색 등 원색을 띠고 있어 붙여진 이름입니다.

　수원지방의 경우 무당거미 알들은 5월 중순을 전후해 부화하는데, 알에서 깨어난 새끼들은 각각 자신의 서식처를 갖기 위해 분산합니다. 분산 방법은 거미줄을 이용해 날아가는 것입니다. 한 가닥처럼 보이지만 자세히 보면 여러 가닥입니다. 마치 대형 애드벌룬을 이용하는 것과 비슷합니다.

　분산된 새끼 거미들은 각자의 서식처에서 먹이활동을 통해 어른으로 성장해 갑니다. 수차례의 허물을 벗고, 성장해 짝짓기도 합니다. 무당거미가 산란하는 시기는 바깥 기온이 0° 이하로 내려가기 전입니다. 거미는 변온동물이라 바깥 기온에 매우 민감하며, 특히 무당거미는 기온이 내려가면 바로 얼어 죽게 됩니다다른 종의 거미들은 아성체 또는 성체로 은신처에서 월동함. 늦가을인 10월 중·하순경 어미 거미들은 마음이 바쁩니다. 기온이 영하로 내려가기 전에 알을 낳아야 하기 때문입니다. 무당거미는 인간 못지않은 모성애를 지닌 거미입니다.

커다란 느티나무에 말굽형 거미그물또는 삼중망 거미그물을 치고 살았던 어미 거미가 2005년 10월 25일, 알 낳을 장소를 찾고 있습니다. 숙직하던 나는 비디오와 스틸 카메라를 설치하고 알 낳는 모습을 관찰하게 되었습니다. 해가 지기 시작하자 무당거미 어미는 낮에 물색해 두었던 장소에 실젖으로 거미줄을 내어 몸을 좌우로 움직이며 산실을 만듭니다. 흰색 거미줄이 좌우로 나오며, 마치 침대보를 만드는 것처럼 보이기도 합니다.

해가 져도 산실 만드는 작업은 계속됩니다. 어림잡아 3~4시간 걸

단풍잎 속 무당거미 암컷.

리는 것 같았습니다. 촬영하면서 난생 처음 거미의 알 낳는 장면을 본다는 생각에 가슴 떨리는 흥분을 느꼈지만 4시간 가까이 작업이 계속되자 답답하고 안타까운 마음도 들었습니다. 그런데, 내가 잠시 당직실을 다녀온 사이 무당거미는 알 낳기를 끝내 버렸습니다. 오랜 시간 알 낳기를 기다렸는데 조금 더 기다리지 못한 제 자신이 원망스러웠습니다. 그러나 다시 생각해 보니 내가 지켜보고 있었기 때문에 알 낳기를 꺼렸는지 모른다는 생각이 들어 어미 거미에게 미안했습니다. 늦게라도 자리 비우길 잘 했다고 생각했지요.

자리를 비운 시간은 불과 5분 남짓인데, 그새 알 낳기를 마친 어미는 다시 거미줄을 뽑아 낳은 알 위를 여러 겹으로 덮기 시작했습니다. 천적으로부터 알을 보호하고 영하의 저온에서도 알이 얼지 않도록 신경 쓰는 어미의 마음인 것 같습니다. 알을 보호하기 위한 알 덮기 작업은 3~4시간 동안 계속되어 새벽 2시가 넘었습니다. 피곤한 몸을 이끌고 어미 무당거미의 행동을 계속 관찰했습니다.

마침내 아침이 밝아오고 있었습니다. 어미는 알주머니를 감싸는 마무리가 되었다고 생각했는지 이번에는 알 주변을 둘러보기 시작했습니다. 어미가 또 뭘 하려는 걸까 궁금해집니다. 어미 거미는 알 주변을 돌며 나무 기둥에 돌출되어 있는 나무껍질을 입으로 물어뜯기 시작합니다. 그리고는 물어뜯은 나무껍질을 알주머니 근처로 물고와 점액성 거미줄을 이용해 알주머니 위에 붙이는 행동을 반복해서 계속합니다.

아기를 낳은 산모는 최소 3주 동안 산후조리를 하면서 기운을 차리

1 거미그물의 상태를 확인하고 있는 암컷. 2 겨울을 나고 거미 알집에서 갓 깨어난 새끼 거미들. 3 자신의 몸보다 2배 이상 큰 사마귀를 잡은 암컷. 4 암컷으로부터 안전한 반대편 거미그물에서 짝짓기 기회를 엿보는 수컷. 5 알에서 깨어난 새끼들은 군집을 이루며 분산을 준비한다. 6 허물벗기 중 다리가 빠져나오지 못해 죽은 미성숙 무당거미. 7 수컷 무당거미 한 마리가 암컷의 행동을 주시하며 짝짓기하려고 이동 중이다. 8 산란하기 위해 거미줄을 이용해 산란보를 만드는 어미 거미. 9 암컷이 잠자리를 먹는 순간 수컷이 짝짓기를 하고 있다.

는데 작은 어미 거미는 단 하루, 아니 한 시간도 쉬지 못하고 낳은 알을 보호하기 위해 애쓰는 것을 보며 눈물겨운 모성애가 애처롭기까지 했습니다. 위장이 다 되었다 싶었는지 어미는 잠시 알주머니 근처에서 쉬고 있습니다. 알을 낳기 전 통통했던 배가 홀쭉해져 무척 측은했습니다.

잠시 쉬고 난 어미는 다시 힘을 내 위장해 놓은 알주머니 근처로 기어갑니다. 그리고 알주머니를 중앙에 두고 거꾸로 매달려 곧추서 있습니다. 어미가 마지막으로 하는 행동은 위장된 알주머니를 자신의 생이 다하는 순간까지 천적들로부터 지키는 것입니다. 무당거미의 새끼에 대한 무한한 사랑 앞에 마음이 숙연해집니다.

무당거미에서 무당은?

무당거미는 무당(무속인)의 옷차림처럼 원색이어서 붙여진 이름입니다. 무당거미 외에 무당이라는 이름이 붙은 동물로는 무당벌레와 무당개구리가 대표적입니다.

무당 옷은 5가지 원색을 사용하는데, 이 오색은 경사를 기원한다고 합니다. 우리 전통문화 속에도 오색이 이용되는 사례가 있는데, 설날 어린이들에게 색동저고리를 입히는 것도 오색의 까치저고리, 즉 '까치 설빔'이라 해 재앙을 털어버리고 아이들이 질병으로 일찍 죽는 것을 막기 위해 생겨난 민속이라고 합니다. 불상이나 탱화에 사용되는 복장주머니 속에는 칠보, 씨앗, 종이부적 등과 함께 5가지의 색실과 5가지색의 헝겊 조각이 들어간다고 하며, 단오절(음력 5월 5일)에도 채색이라 해 주머니 속에 오색 비단실과 비단조각을 넣는 풍습이 있습니다. 이를 몸에 지니고 다니면 병과 악귀를 쫓고 오래 산다고 믿었기 때문입니다.

모든 재앙을 떨쳐버리는 오색의 뜻처럼 무당거미를 본 날은 좋은 일이 가득하길 기원합니다.

턱거미

논에 사는 환경파수꾼

2003년 11월 2일, 벼농사가 끝난 논에 가 보았습니다. 수확이 끝난 논에는 싹둑 잘린 벼이삭과 벼 포기들이 널려 있습니다. 벼 포기를 들추어 보았습니다. 늑대거미가 여러 마리 보입니다. 이리저리 도망가느라 정신이 없어 보이네요. 오늘 찾고자 하는 녀석은 턱거미인데 다른 늑대거미들이 수난을 당하고 있습니다.

벼 포기를 계속 들어보아도 오늘의 주인공인 턱거미는 좀처럼 보이지 않네요. 다른 쪽으로 이동하면서 다시 들춰 봅니다. 순간 턱거

턱거미들이 주로 사는 농경지 전경.

미가 위협을 느꼈는지 재빠르게 도망갑니다. 나도 질세라 녀석의 뒤를 쫓아갑니다. 얼마 후 턱거미는 힘이 드는지 제자리에 멈춰서 다리를 움츠리고 옆으로 누워 죽은 척합니다. 들고 있던 카메라를 삼각대에 고정시키고 죽은 척하고 있는 턱거미를 향해 셔터를 눌러댑니다. 셔터 소리에 놀랐는지 턱거미는 다시 도망치기 시작합니다.

"안돼! 아직 제대로 된 사진 한 장 찍지 못했는데."

또 다시 쫓고 쫓기는 게임이 시작되었습니다. 턱거미가 이번에는 벼 포기를 타고 위로 올라갑니다. 그러나 이내 지쳤는지 잠시 숨을 고르고 있습니다. 바로 이때가 촬영할 순간입니다. 삼각대를 설치하되 턱거미의 움직임을 보면서 서서히 접근합니다. 처음에는 조금 먼

1 먹이를 잡기 위해 볏짚을 내려가고 있는 암컷. 2 위협을 느꼈는지 몸을 움츠린 수컷.

거리에서 사진을 찍고, 조금 더 접근해 찍고, 최대한 가까운 곳에서 찍는 것이 좋습니다. 그리고 위, 옆, 아래 등 다양한 방향에서 찍으면 더욱 좋은 사진을 얻을 수 있지요. 다행히 오늘 만난 녀석은 움직이지 않고 제대로 포즈를 취해줘 좋은 사진을 얻을 수 있었습니다.

날이 저물고 있습니다. 논 속에 사는 거미들은 추운데 어떻게 겨울을 날까 걱정하면서 집으로 돌아왔습니다.

거미가 날씨를 미리 알려준다고요?

우리가 잘 아는 날씨 관련 속담 중 하나가 '제비가 낮게 날면 비가 온다'입니다. 제비가 낮게 날면 왜 비가 오는 것일까? 비가 오기 전에는 공기 중에 습기가 많아집니다. 습기가 많아지면 공기 중을 나는 나비나 벌 등은 날개가 젖어 동작이 느려지며, 얼른 숨을 곳을 찾기 위해 낮게 날 수밖에 없으니 이때를 놓칠 리 없는 영리한 제비가 낮게 날며 곤충들을 사냥하기 때문입니다.

반면 '거미가 줄을 치면 비가 그친다', '장마 때 거미집 지으면 날 든다', '아침 거미줄에 이슬이 맺히면 날이 맑다' 등 거미와 관련된 속담들도 많습니다. 거미의 먹이가 되는 곤충들이 주로 활동하는 시기에 거미들도 그물을 손질하고 본격적인 먹이활동을 합니다. 곤충들은 외부 기상 환경에 매우 민감해 비가 그치면 왕성한 활동을 하는데, 거미들 역시 이때를 놓치지 않고 거미그물을 쳐서 먹이활동을 하므로 거미가 거미줄을 치면 날이 개일 징조인 것입니다. 영국에서도 거미가 빗속에서 활동하기 시작하거나 거미줄에서 내려오면 날씨가 좋을 징조임을 나타낸다고 믿고 있습니다.

이와 비슷한 속담으로는 '개미가 개미집 구멍을 막으면 비가 온다', '개미가 개미집 근처에 흙을 쌓으면 비가 온다', '개미가 거동하면 비가 온다', '개미가 담을 쌓으면 비가 온다', '개미가 떼지어 이사를 하면 비가 온다', '개미가 바삐 사라지면 비가 온다', '개미가 자기 집 구멍을 막으면 큰 비가 온다' 등 개미에 관한 것들이 많습니다.

하늘을 나는 제비나 거미그물로 먹이를 잡는 거미, 그리고 비록 작지만 무리를 이루어 강력한 집단을 만드는 개미까지 날씨를 예측하는 능력이 있는 것은 분명한 듯합니다.

갈거미과의 대표 미인

갈거미의 어원은 굴거미로 굴은 '작다'는 의미를 지니고 있습니다. 갈거미과의 대다수 종들은 다리가 긴 것이 특징인데, 특히 첫 번째 다리와 두 번째 다리가 매우 길어 위협을 느끼면 다리를 길게 뻗어 앞뒤로 가지런히 하고 나뭇가지나 나뭇잎 뒤에 숨는 모습이 우스꽝스러울 정도입니다. 가시다리거미 역시 다리가 길며, 다리 8개 모두에 가시 같은 긴 털들이 나 있습니다.

가시다리거미의 학명은 메노시라 오르나타^{Menosira ornata}입니다.

1 나뭇가지 사이를 이동하는 암컷. 2 위협을 느낀 미성숙한 수컷. 3 긴 다리 사이에 가시 같은 털이 많다(수컷). 4 활엽수 아래로 기어가는 수컷.

‘ornat’는 라틴어로 ‘꾸미다, 장식하다’라는 뜻으로, 동물명명법 규칙에 따라 속명이 여성Menosir+a 여성형이므로 ‘ornat’에 속명과 같이 ‘a’가 붙어 만들어진 것입니다. 이름처럼 장식 같은 노란색 무늬 여러 개가 배 부분에 줄지어 있습니다.

가시다리거미를 처음 만난 곳은 2000년 10월 14일 하늘재였습니다. 하늘재는 충청북도 충주시 미륵리와 경상북도 문경시 관음리를 이어주는 고갯길로, 우리나라 역사가 기록된 이후 가장 오래된 고갯길이라고 합니다. 계립령 또는 대원령이라고도 불리며 해발 525미터로 낮아서 누구나 쉽게 넘을 수 있는 고개인데, ‘하늘’이라는 이름은 신라시대 때 삼국통일의 위업을 위한 북진 개척 의미를 담고 또 가장 먼저 개통된 고개이기 때문에 붙여진 듯합니다. 뜻 깊은 자리에서 가시다리거미를 만나게 되어 정말 행운이라고 생각합니다.

화장실 처마 밑에 사는 인간친화형

비늘갈거미를 만난 곳은 부모님이 살고 계시는 은골^{웅골}이라는 자연 마을입니다. 이 마을은 삼국시대 때 백제와 신라군의 큰 싸움이 있었던 곳으로 백제군이 패하고 후퇴하던 중 몸을 크게 다친 한 장군이 이곳 민가에 은신해 생명을 살렸고, 훗날 많은 병력을 데리고 다시 진군해 승리를 이루었기 때문에 '장수가 무사히 은신한 곳골' 즉 은골로 불리게 되었다는 유래가 있습니다.

나는 부모님을 뵙기 위해 자주 은골을 찾아갑니다. 집에 도착하면 가장 먼저 하는 일이 기와집을 병풍처럼 감싸고 있는 뒤울을 돌아보는 것입니다. 오늘은 어떤 거미와 곤충들을 만날 수 있을까 하는 설렘 때문에 카메라를 챙겨 듭니다. 그리 넓지 않은 장소지만 다양한 거미들이 살고 있습니다. 고운땅거미, 무당거미, 산왕거미, 집왕거미, 말꼬마거미, 집유령거미, 대륙납거미, 청띠깡충거미, 고리무늬마른깡충거미, 아롱가죽거미, 농발거미 등 10종 이상의 거미들이 살고 있으니 거미들의 펜션이라고 할 수 있겠지요.

오늘은 화장실 처마 밑에서 비늘갈거미를 발견했습니다^{2010. 7. 15.} 다 성숙된 수컷 3마리와 아직 덜 성숙된 암컷 3마리, 그리고 미성숙 수컷 1마리를 관찰하게 되었습니다. 지금까지는 초원이나 논 근처의

1 처마 밑에서 정성스럽게 알집을 지키고 있는 암컷. 2 알집 상태를 살피는 어미 거미. 3 알집을 뚫고 새끼들이 빠져나오고 있다.

풀밭 등에서 보아오던 종인데, 집 주변에서 암수 여러 마리를 한꺼번에 보는 행운이 찾아온 것입니다.

2003년 8월 2일, 비늘갈거미 암컷을 채집해 연구실 앞 회양목 위에 놓아준 일이 있었습니다. 이틀 후 출근하다 보니 알주머니가 보였고, 그 주변에 작은 새끼들이 모여 있었습니다. 어미는 보이지 않았습니다. 알을 낳고 죽었는지 아니면 다른 거미나 천적들에게 잡아먹혔는지 알 수 없었습니다. 새끼들이 떨어져 나가지 않도록 조심스레 커다란 통을 밑에 대고 털어 담았습니다. 새끼 거미들이 몇 마리일까 궁금해 세어보니 43~48마리였습니다. 살아 움직이는 상태여서 정확하게 셀 수는 없었지만 50마리는 넘지 않았습니다.

새끼 비늘갈거미의 생태를 더 자세히 알아볼 생각으로 연구실 현관 앞 회양목 위에 놓아주었습니다. 그러나 그 다음해에 살펴보니 유사비행으로 날아가 버렸는지 한 마리도 관찰되지 않아 무척 아쉬웠습니다.

거미의 피는 푸른색(청록색)이라고요?

사람의 피는 심장에서 동맥, 모세혈관, 정맥을 거쳐 다시 심장으로 순환되며, 혈액이 혈관 속으로 흐르는 폐쇄혈관계인 반면, 거미는 심장에서 나온 피가 바로 조직 속으로 스며들어 조직 속을 흐르는 개방혈관계입니다.

사람이나 거미 모두 혈액순환에 의해 산소, 이산화탄소, 영양분과 노폐물이 운반됩니다. 사람의 경우 적혈구에서 산소를 운반하는 단백질인 헤모글로빈의 주요 성분에 다량의 철분이 포함되어 있어 혈액(피)이 붉은색을 띱니다. 반면 무척추동물인 거미는 구리이온이 많은 헤모시아닌이 헤모글로빈의 기능을 하는데, 구리이온은 산소를 운반할 때 푸른색(청록색)을 띠고, 이산화탄소와 노폐물을 운반할 때는 색깔을 띠지 않는다고 합니다.

1 풀잎 뒤에 숨어 있는 수컷. 2 긴 다리를 이용해 풀잎 위를 걷고 있는 수컷.

깔때기 모양의 독특한 거미그물

자연계에 사는 동물 중 유일하게 거미줄이나 거미그물이라는 도구를
이용해 먹이를 사냥하는 거미들은 다양한 형태의 거미줄그물을 갖고
있습니다. 한국깔대기거미 역시 독특한 형태의 거미그물을 쳐 먹이
를 포획하는데, 깔때기거미라는 이름에서 금방 눈치챌 수 있듯 거미
그물 모양이 깔때기처럼 생겼습니다. 깔때기란 물이나 기름 같은 액
체 물질을 병 따위의 다른 용기에 부을 때 다른 곳으로 새지 않도록
사용하는 나팔 모양의 기구입니다.

팽창된 더듬이다리를 이용해 짝짓기를 시도하는 수컷.

　한국깔대기거미는 동굴이나 벼랑, 바위틈 및 속이 빈 나무기둥, 그리고 인가의 창고 등 주로 어두운 곳에 삽니다. 사냥터로 이용되는 거미그물 입구는 흰색의 여러 가닥 거미줄이 깔때기 모양을 이루고 있으며, 구멍이 나 있는 안쪽은 위급 시 도망갈 수 있도록 밑면이 없는 형태입니다.

　한국깔대기거미가 허물벗기 하는 광경이 관찰되었습니다. 거미가 성장하기 위해서는 표피를 벗는 허물벗기 과정을 반드시 거쳐야 합니다. 이때 중요한 작용이 바로 혈액의 이동입니다. 몸에 있는 혈액을 한쪽으로 집중해 보내면 그곳이 강한 압력을 받아 찢어지게 되고, 찢어진 부분주로 머리가슴과 배 부분부터 허물벗기가 시작됩니다. 짝짓기 할 때의 수컷 역시 더듬이다리에 저장해 두었던 정액을 혈액의 상승작용으로 이동시켜 암컷에게 전달합니다.

1 땅 위를 배회하고 있는 암컷. 2 암컷을 찾아 배회하는 수컷.

1 전형적인 깔때기 모양의 거미그물. 2 누워서 탈피하기 위해 안간힘을 쓰고 있는 미성숙 수컷. 3 서로 좋은 짝인지 탐색하고 있는 암수. 4 크기가 다소 작은 수컷이 암컷의 등 위로 올라가고 있다. 5 영월의 비탈거미 서식지 전경.

한국깔대기거미는 비탈거미과에 속합니다. 거미 연구자인 고 백갑용 선생께서 채집 차 야외에 나가신 적이 있었답니다. 채집에 열중한 나머지 비탈길에서 그만 넘어지고 말았는데, 마침 비탈진 그곳 바위 밑에서 새로운 거미를 채집하게 되었답니다. 그래서 그 거미종의 과명을 비탈거미과로 붙이게 되었답니다.

우리나라에 독거미가 있을까요?

전 세계적으로 거미의 종수는 4만여 종에 이르고, 그 중 사람에게 치명상을 주는 독거미는 붉은등거미, 검은과부거미, 호주시드니깔대기거미 등 20~30종인 것으로 알려져 있습니다. 전체 거미 종수에 비하면 독거미는 불과 0.1% 미만으로 극히 적은 수이며, 국내외적으로 오히려 말벌과 같은 벌목 곤충에 대한 피해가 훨씬 더 많습니다.

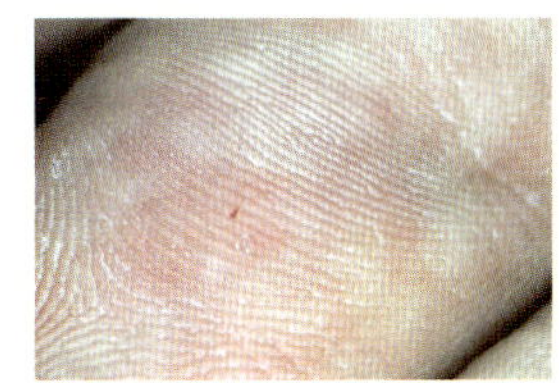

산왕거미에 물린 상처

미국의 경우 말벌류에 의한 사망자가 1년에 200명이 넘는 것으로 알려져 있으며, 우리나라에서도 정확한 통계는 없지만 매년 가을 벌초를 하다가 벌에 쏘여 사망했다는 뉴스가 전해지기도 합니다.

다행히도 현재 우리나라에서 밝혀진 726종 거미류는 모두 온순하고 독성이 거의 없어 거미에 물려 사망한 사례는 없습니다. 단지, 「한국깔대기거미에 의한 거미물림에 대한 대한피부과학회지」 논문(이 등, 2008)에 의하면 국내 거미에 의한 물림은 수 시간 또는 수일 안에 특별한 치료 없이도 소실되는 통증 또는 홍반 정도라고 합니다. 나도 산왕거미 암컷에게 물린 적이 있지만 특별한 통증이나 홍반현상 없이 자연적으로 치유되었습니다.

국내산 거미들은 대부분 사람을 만나면 도망가기 때문에 괴롭히거나 학대하지 않는 이상 거미에게 물리는 일은 없습니다. 그래도 사람마다 개인차가 있기 때문에 거미에게 물려 이상 반응이 있다면 얼음 수건으로 감싼 다음 병원으로 가서 치료받는 것이 좋습니다.

거미 세계의 롱다리

정주성 거미 중 롱다리는 무당거미와 유령거미가 있고, 배회성 거미의 롱다리는 닷거미과들이 있습니다. 유난히 긴 다리로 성큼성큼 걸어가는 모습을 보면 마치 패션모델들이 무대 위에서 워킹을 하는 듯합니다.

닷거미 무리 중 몸 색깔이 먹처럼 검기 때문에 이름 붙여진 먹닷거미는 동굴과 같이 어둡거나 하천, 냇가 근처와 같이 습기가 많은 곳을 좋아합니다. 먹닷거미들에게도 무서운 천적들이 많습니다. 양서류인 개구리나 파충류인 도마뱀 등도 있지만 내가 2007년 6월 19일 충남 예산의 가야산에서 관찰한 먹닷거미의 천적은 바로 대모벌입니다.

가야산을 오르기 전 비포장도로가 보여 무작정 차를 몰고 들어가 보았습니다. 도로 주변으로 밭이 보였고, 안으로 들어가자 숲이 나타났으며, 최종 도착한 곳은 커다란 무덤 옆 공터였습니다. 주차한 뒤 포충망을 들고 주변을 살펴보고 있을 때 벌 한 마리가 날아가는 것이 보였습니다. 순식간의 일이라 어떤 벌인지 알 수 없었지만, 잠시 후 그 녀석은 거미들에게 경계의 대상인 왕무늬대모벌이라는 것을 알았습니다.

왕무늬대모벌은 몸 전체가 검은색이며, 황적색 줄무늬가 있는 대표적인 사냥벌입니다. 몸길이가 2센티미터 내외로 먹닷거미와 비슷하거나 좀 작은 편입니다. 왕무늬대모벌은 닷거미류들이 서식하는 바위 밑이나 썩은 나무 밑 주변을 저공비행 하듯 돌아다니며 목표물을 찾고, 목표물이 정해지면 거미의 행동을 주시하다가 침으로 급소를 공격합니다.

무덤가 밑에 3~4미터 되는 커다란 바위가 있어 살피다가 발견한 녀석이 바로 먹닷거미입니다. 녀석은 이미 왕무늬대모벌의 침 공격에 중독된 상태로 다리 8개가 모두 잘려 있었습니다. 대모벌의 제물이 된 먹닷거미는 전혀 저항할 수 없는 상태였으며, 비록 중독 상태에서 깨어난다 해도 다리를 모두 잃었기 때문에 다시 살 수는 없습니다.

대모벌은 중독된 거미를 물고 가기 쉽게 다리를 잘라낸 것입니다. 중독된 먹닷거미에게는 안된 일이지만 왕무늬대모벌 새끼들에게는 유용한 먹잇감이 될 것입니다.

1 산 속 산림 전경. 2 바위에 엎드려 쉬고 있는 암컷.

알주머니를 입에 물고 다니는 어미

2007년 어린이날, 아이들과 칠보산에 갔습니다. 곤충을 잡아먹는 식물로 알려진 끈끈이주걱이 있다는 정보를 받았기 때문입니다. 곤충을 잡아먹는 식물이라는 말에 아이들은 호기심을 보이며 조금이라도 빨리 끈끈이주걱을 찾아보자고 야단법석입니다.

　동료로부터 대강의 약도를 받아 들고 안산시 소재 사사동으로 갔습니다. 도로가 좁은 데다 아직 비포장도로인 곳도 있어 바퀴가 논두렁으로 빠질까봐 조심하며 목적지에 도착했습니다. 차를 세우고 오솔길을 따라 10여 분 산을 올라가니 커다란 습지가 보였습니다. 자연적으로 생긴 습지는 아닌 것 같고, 오래 전에 논농사를 짓다가 이제는 버려져 생겨난 습지인 것으로 보입니다. 끈끈이주걱이 있다는 장소를 찾아 이리저리 헤맸지만 찾을 수가 없었습니다.

　"아빠, 뭐예요. 끈끈이주걱이 없잖아요?"

　아빠 체면이 말이 아니었습니다. 바로 그때 동그란 알집을 물고 있는 거미 한 마리가 눈에 들어왔습니다.

　"얘들아 이리 와봐. 대신 아빠가 재미있는 것 보여줄게!"

　"뭔데요 아빠?"

　"아기늪서성거미란다."

1 알주머니를 입에 물고 보호 중인 암컷 2 알주머니의 모양은 동그란 원에 가깝다. 3 알주머니에서 깨어난 새끼들이 이동하고 있다. 4 아기늪서성거미 암컷의 흰색 배설물.

“거미가 물고 있는 하얀색은 뭐예요?”

“응, 그것은 알주머니이란다.”

“알주머니를 왜 물고 다니지요?”

“다른 천적들로부터 알을 보호하기 위해서지. 엄마가 어린 아기를 업고 다니는 것과 같다고 생각하면 돼.”

아이들은 신기한 듯 알주머니를 물고 있는 아기늪서성거미를 관찰하고 있습니다. 끈끈이주걱 때문에 서운했던 생각을 잠시나마 잊은 것 같습니다. 아기늪서성거미는 대개 5월 초·중순경7일~20일 관찰 풀잎 사이에 불규칙 그물을 치고 알을 낳는데, 알을 낳는 모습은 아직 관찰하지 못했습니다.

그 후 한 달 정도 지난 6월 17일, 끈끈이주걱에 대한 미련도 있고

갓 깨어난 새끼들이 분산하기 전까지 어미 거미가 가까이서 지키고 있다.

아기늪서성거미가 어떻게 되었는지 궁금하기도 해서 다시 칠보산을 찾았습니다. 그날도 끈끈이주걱을 만나지는 못했지만 아기늪서성거미의 또 다른 모습을 볼 수 있었습니다.

억새 풀잎 사이에 불규칙한 세로형 거미그물이 보입니다. 그곳엔 이미 많은 수의 새끼 거미들이 부화해 알주머니 주위에 무리지어 뭉쳐 있는데 마치 솜뭉치 같습니다. 갓 태어난 새끼 거미들 주변에는 어미 거미가 낯선 이방인의 움직임을 살피고 있습니다. 어미 거미는 내 눈을 피해 풀잎 뒤로 숨어 버립니다. 자세히 보니 다리가 6개만 보입니다. 아마도 새끼들을 보호하다가 2개를 잃은 것 같습니다. 새끼 거미를 지키려는 어미 거미의 모성애가 눈물겹습니다.

뭉쳐 있는 새끼 거미들의 행동 반응을 보기 위해 '호~' 입김을 불어봤습니다. 위험을 느낀 새끼들은 폭발하듯 순간적으로 거미줄을 타고 사방으로 퍼져 나갔습니다. 아마도 위험한 순간을 벗어나기 위한 행동으로 보입니다. 한 곳에 모여 있으면 천적들로부터 쉽게 공격받을 수 있으니 각자 살기 위해 흩어지는 것이 유리하다는 생각이 듭니다. 잠시 후 위협이 사라졌다고 판단한 새끼 거미들이 다시 이전처럼 한 곳으로 모여들기 시작했습니다.

아기늪서성거미는 몇 개의 알을 산란하는지 궁금해 채집해온 알주머니를 조심스럽게 핀셋으로 뜯어보니 알에서 갓 깨어난 새끼 거미들이 쏟아져 나왔습니다. 작은 붓으로 재빠르게 새끼 거미들의 수를 세어보니 110~180개112개, 140개, 181개로 조사되었습니다.

벌레잡이식물(식충 · 식육 · 육식 · 포충식물)이란?

파리나 하루살이 등 작은 곤충이나 벌레들을 잡아 소화 · 흡수해 양분을 섭취하는 식물들을 벌레잡이식물이라고 말하며, 대표적인 것이 파리지옥, 끈끈이주걱, 벌레잡이제비꽃, 벌레잡이통 등입니다.

파리지옥은 잎 주변에 가시처럼 생긴 엽신이 있어 벌레가 들어오면 양 잎이 닫히면서 벌레를 가두어 잡는 반면, 끈끈이주걱은 잎에 있는 수많은 끈적끈적한 접착용 촉사로 먹이를 잡습니다. 벌레잡이제비꽃은 끈적한 점액성 잎을 이용해 벌레를 잡고, 벌레잡이통은 소화액이 들어 있는 기다란 통 모양에 곤충이 빠지면 소화시켜 영양분을 흡수합니다.

1 파리지옥. 2 벌레잡이제비꽃. 3 끈끈이주걱. 4 벌레잡이통.

뛰어난 공간 연출가

2005년 10월 마지막 날, 수원 광교산으로 가을 산행을 갔습니다. 제법 날씨가 추워져 옷깃을 여미게 합니다. 차에서 내려 작은 오솔길을 혼자 걸어봅니다. 단풍으로 물든 나뭇잎도 바라보고 떨어진 낙엽을 밟기도 합니다. 바람에 흔들리는 갈대가 나를 반기듯 손짓합니다. 햇빛에 반사되는 갈대와 억새풀이 정말 예쁘네요.

작은 도랑을 건너 다시 산행을 시작합니다. 순간 억새풀 아래 하얀 거미 알주머니가 보입니다. 등산의 목적은 잊고 거미 알주머니가 있는 곳으로 달려갔습니다. 들풀거미 알주머니입니다. 예전에 소나무에서 알주머니와 그 알주머니를 지키는 어미를 본 적이 있기 때문에 금방 들풀거미 것이라는 걸 알았습니다. 혹시 어미가 있나 주변을 살펴보았지만 어미는 없었습니다.

알주머니는 억새풀잎 4개를 이용해 부직포 같은 거미줄로 만들었습니다. 크기를 재어보니 가로 3센티미터, 세로 3.2센티미터 정도였고 단단하게 싸매져 있었습니다. 궁금증이 발동해 알주머니를 찢어보았습니다. 겉 알주머니를 손으로 찢었더니 그 속에 더 단단한 다면체 알주머니가 들어 있습니다. 안에 과연 무엇이 있을까 정말 궁금했습니다. 안쪽 알주머니의 뒤쪽 바닥은 평평하고 앞쪽은 꼭짓점 7개

1 비닐하우스 안의 구조물을 이용해 넓게 거미그물을 친 암컷. 2 거미그물 사이를 이동 중인 암컷. 3 수컷 들풀거미가 편평한 거미그물 위를 걷고 있다. 4 활엽수 위로 몽골텐트 같은 다각형 알집이 보인다. 5 알집을 보호하고 있는 암컷 어미 거미. 6 유백색 새끼들이 알집 안에서 분산을 기다리고 있다.

빗방울이 매달린 들풀거미 거미그물이 영롱한 보석 같다.

의 팔면체였습니다. 양파를 벗기듯 단단한 부직포로 된 껍질을 벗겨 냈습니다. 알들을 보호하기 위해 알주머니를 3~4겹으로 감싸 보호 장치를 만들어 놓은 것 같습니다.

마지막 알주머니의 껍질을 손으로 찢자 2~3밀리미터 된 새끼들이 주르르 쏟아져 내립니다. 이미 알에서 깨어나 알주머니 안에 숨어 있었던 것입니다. 순간적으로 당황한 나는 얼른 채집통에 알주머니와 새끼들을 담았습니다. 이왕 새끼들을 보았으니 어미 한 마리가 새끼를 몇 마리 낳는지 조사해보고 싶어졌지요. 채집통 안에 들어 있는 새끼들을 살펴보았습니다. 배는 둥근 계란 모양이었고 짙은 갈색을 띠고 있어 검게 보이고, 머리가슴은 옅은 밤색이었습니다. 새끼들은 깜짝 놀랐는지 이리저리 부산하게 움직이다가 모두 알주머니 속으로 들어갔습니다.

연구실로 돌아와 새끼들의 수를 세어보았습니다. 계속 움직이는 상태여서 몇 마리인지 세는 일이 쉽지는 않았지만 모두 136마리였습니다. 3센티미터 정도 되는 작은 알주머니에 이렇게 많은 새끼들이 어떻게 움츠리고 있었을까? 겨울은 어떻게 날까? 그날 밤 많은 궁금증에 잠이 오지 않았습니다.

거미바위솔(*Orostachys japonicus*)은 어떤 식물인가요?

바위솔은 장미목 돌나물과의 여러해살이풀로, 빛이 잘 들고 통풍이 잘 되는 곳에 서식합니다. 식물 이름에 거미가 들어간 이유에 대해서는 뿌리가 거미줄을 이어가듯 자라기 때문이라는 의견과 중앙 로제트 부분에 거미그물이 처진 것처럼 포막이 형성되었기 때문이라는 의견이 있습니다. 거미바위솔 중앙 포막은 이슬 침투를 방지해 새순이 썩는 것을 예방한다고 합니다.

1 거미바위솔 확대 사진. 2 한택식물원의 거미바위솔. 3 포막이 형성된 거미바위솔.

밤색스라소니거미

밤의 제왕

고양이과의 스라소니는 젖을 먹여 새끼를 키우는 야생동물입니다. 눈동자의 모양이 좁은 타원형으로 고양이 눈과 비슷하고, 낮에는 수풀에 숨어 있다가 해질 무렵에 나와 사냥을 합니다.

스라소니라는 이름을 가진 밤색스라소니거미는 벼 해충을 잡아먹는 논거미 중 하나입니다. 논과 논둑, 논 주변의 야산에 폭넓게 분포하며, 식물체 위를 오르내리며 곤충과 같은 작은 동물을 잡아먹습니다. 떠돌이거미 즉 배회성 거미인 밤색스라소니거미는 발달된 시각으로 무장하고, 이동하거나 뛰기 쉽게 다리는 짧고 강건합니다. 배

안전줄을 타고 내려온 암컷.

부분 역시 정주성 거미와 달리 날씬해 뛰거나 걷기에 안성맞춤입니다. 다리에는 긴 가시털이 유난히 많습니다. 마치 아까시나무에 가시가 나 있는 것처럼 보이지만, 아까시나무의 가시처럼 사람의 피부를 찌를 수는 없습니다.

기다란 가시털이 식물체를 오르내리는 데 불편하게 보일지 몰라도 거미들에게 털은 매우 중요한 감각기입니다. 외부의 정보를 얻는 방법 중 하나가 털이기 때문입니다. 다리에 나 있는 아주 작은 털들을 이용해 공기의 움직임을 감지하고, 화학물질 같은 위험한 대상에 민감한 반응을 일으키기도 합니다.

1 활엽수의 잎 위에서 서성이는 수컷. 2 자신이 쳐 놓았던 거미줄을 타고 위로 올라가려 한다. 3 인기척에 놀라 풀잎 사이로 숨어버린 암컷. 4 암컷을 찾아 풀잎 위를 배회하고 있다. 가시털이 선명하게 보인다.

산유령거미
긴 다리 흔들어 유령처럼 숨는다

여름 납량특집의 단골 캐릭터 중 하나가 바로 귀신입니다. 영화나 TV에 나오는 귀신은 긴 머리에 하얀 소복을 입은 경우가 많습니다. 처녀가 죽으면 손각시가 되고, 총각이 죽으면 몽달귀신이 된다고도 합니다외국에서는 귀신을 유령이라 부릅니다. 우리나라에서 귀신은 하늘을 날아다닐 정도로 동작이 매우 빨라 동에 번쩍 서에 번쩍합니다.

유령거미들은 바위틈이나 절벽의 홈, 집안의 항아리나 오래된 구조물 안에 주로 서식합니다. 다리가 길고 유연한 편으로, 위협을 느끼면 이 긴 다리를 이용해 몸을 위아래로 흔듭니다. 마치 귀신이나 유령이 순간적으로 이동해 보이지 않듯이 유령거미도 몸을 흔들면 거의 보이지 않습니다. 순간적으로 짧은 시간에 자신의 몸을 흔들어서 위기를 모면하자는 속셈이지요.

집 주변에 사는 유령거미는 주로 집유령거미이고, 산림의 바위 밑이나 어두운 동굴 주변에 사는 유령거미는 산유령거미가 많습니다. 산유령거미는 어두운 곳에 불규칙 그물을 만들고 살기 때문에 자세히 살피지 않으면 잘 보이지 않습니다. 짝짓기 시기가 되면 암컷과 수컷이 같이 있는 모습을 볼 수 있고, 산란한 암컷은 알주머니를 위턱으로 물고 보호하는 습성이 있습니다.

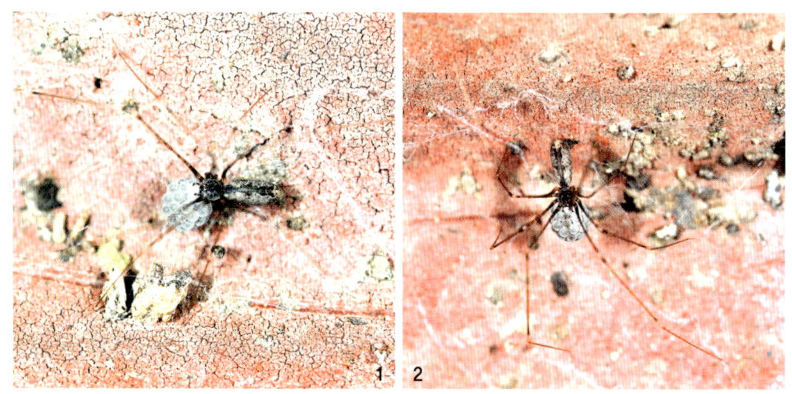

1 알주머니를 물고 다니는 암컷 산유령거미. 2 깨진 플라스틱 아래에 불규칙 그물을 만들고 은신해 있다.

유령거미를 보면 어린 시절 할머니에게 들었던 이야기가 생각납니다. 세상에는 수백 수천 가지의 귀신유령이 살고 있는데, 세상을 떠돌다가 마음에 드는 사람을 만나면 그 사람의 몸에 붙어 집까지 따라간다고 하셨습니다. 그때 몸에 붙은 귀신을 떨어지게 하는 방법 중 하나가 문 밖에 있는 화장실에 들렀다가 집으로 들어가는 것이랍니다. 왜냐하면 몸에 붙었던 귀신도 화장실 냄새만큼은 견디지 못하고 도망가기 때문이라 합니다.

옛날 재래식 화장실을 모르는 요즘 아이들에게 이야기해주면 이해하지 못하겠지만, 유령거미를 볼 때면 돌아가신 할머니의 모습이 눈에 선합니다.

한국땅거미

동전주머니 '전대' 닮은 은신처

한국땅거미가 우리나라에 처음 알려진 것은 1985년 김주필 선생에 의해서입니다. 그 전까지는 문헌 기록으로만 전해오다가 선생께서 포상금을 걸고 찾아낸 것이 바로 한국땅거미입니다.

　진화학자들에 따르면 최초의 거미 조상들은 물속에서 살다가 차츰 땅 위로 이동해 육상생활을 했다고 추정합니다. 땅 위로 올라온 거미 조상은 낙엽이나 흙 등의 틈에서 살다가 일부는 땅속으로 숨어들어 가고, 일부는 거미줄을 치기 시작하면서 나무 위로 이동한 것으로 추

전대 그물 주변에 나와 있는 한국땅거미(거미가 전대 그물 밖으로 나오는 일은 거의 없다).

측하고 있습니다. 땅속으로 숨어들어간 땅거미 중 수도권에서 발견할 수 있는 종이 바로 한국땅거미입니다. 한국땅거미는 집단으로 서식지를 마련하며 독특한 형태의 거미그물을 만듭니다.

2006년 8월 6일, 말로만 듣던 한국땅거미를 보기 위해 경기도 남양주의 운길산과 예봉산을 찾았습니다. 후배와 함께 잣나무가 울창한 산기슭을 이 잡듯 샅샅이 뒤졌습니다. 아직 한 번도 땅거미의 집을 보지 못했던 터라 어떻게 생겼는지 감도 잡지 못한 채 무작정 산을 에배고 나닌 시 3시간. 애타게 찾는 땅거미 집은 보이지 않았습니다. 점심도 거르고 산을 헤매는데 후배로부터 다급한 목소리가 들렸

1 한국땅거미가 주로 사는 집단 서식지. 2 물푸레나무에 한국땅거미 전대 그물이 보인다. 3 전대 모양의 한국땅거미 거미그물. 4 전대 그물 입구에서 한국땅거미가 나오고 있다.

습니다.

"형, 이게 한국땅거미집 아닐까요?"

"어디 한 번 보자."

10년 이상 된 잣나무의 지표 부근에 10센티미터 정도 크기로 기다란 뿌리 같은 것이 보였습니다. 잠시 흥분을 가라앉히고 자세하게 살펴보았습니다. 나무뿌리 같이 위장되어 있었으며, 땅속과 연결된 거미그물은 눌린 통 모양으로 길게 땅 위쪽으로 이어져 있었습니다. 중간 부분은 거미그물처럼 보이지 않았으나 위쪽 맨 끝부분은 거미줄이 일부 보였습니다.

요즘 같은 동전지갑이 없던 옛날 어른들은 동전을 잃어버리지 않고 보관하기 위한 수단으로 천을 길게 바느질해 대롱 같이 만든 주머니를 허리춤에 차고 다녔는데, 이러한 동전주머니를 '전대'라고 합니다. 한국땅거미의 거미그물이 바로 이 동전주머니와 비슷하게 생겨 '전대 그물'이라는 재미있는 이름이 붙여진 것 같습니다.

주변 환경과 전대 그물 사진을 촬영하고, 어떤 녀석인지 궁금해 조심스럽게 모종삽으로 전대 그물 주변을 파헤쳐 보았습니다. 곁에 있던 후배도 무척 궁금했던 모양입니다. 빨리 파 보라고 재촉합니다. 20여 분에 걸쳐 전대 그물 전체를 파 보았습니다. 기다란 전대 그물 전체 길이는 45센티미터 정도이고, 땅속에 묻힌 길이는 30센티미터 정도입니다. 그러고 보니 땅 위로 노출된 사냥터는 전체 거미그물의 1/3 정도에 해당되고, 땅속에 묻혀 있는 나머지 2/3는 은신처이며 피난처 역할을 하는 것 같습니다.

한국땅거미가 은신해 있는 땅속 전대 그물 중에서도 땅거미가 주로 머무는 부분은 다른 부분에 비해 다소 폭이 넓었고, 조심스레 전대 그물을 찢어보니 암컷 한 마리가 들어 있었습니다. 외부 형태로 보아 한국땅거미가 맞아 사진을 찍으려고 햇볕이 드는 땅 위에 올려놓자 햇볕에 익숙하지 않아서인지 자꾸 그늘 쪽으로 이동하거나 흙의 갈라진 틈으로 숨으려 합니다. 미안한 마음은 들었지만 그늘에 두고 플래시를 사용해 촬영을 시작했습니다.

처음 보는 한국땅거미, 조금 힘들기는 했지만 전대 그물과 땅거미를 촬영할 수 있어 정말 즐거운 하루였습니다.

고운땅거미

땅속으로만 거미그물 만드는 유일한 거미

2002년 10월 3일, 내가 대학원생이던 시절 강원도 영월 동강으로 채집을 갔습니다. 지도 교수님과 대학원생 동기들, 학부생들 등 20여 명이 함께 민박집에서 밥도 지어 먹고 잠도 자면서 지냈습니다. 이 지역은 그 전 해에 비가 많이 와 물난리가 난 곳으로, 우리가 머문 민박집은 동강으로부터 멀리 떨어져 있고 꽤 높은 지대에 자리 잡았는데도 바로 집 아래까지 물이 찼던 흔적이 보입니다. 도로가 끊어지고 집이 부서졌으며 옥수수는 모두 쓰러져 있었고, 복숭아나무는 과일커녕 잎도 몇 남아 있지 않았습니다. 쓰레기도 여기저기 걸려 있는 참혹한 풍경이었습니다.

땅속은 물론 갈라진 틈과 동굴, 땅 위, 풀숲과 나뭇잎 등 우리 주변 어디서나 볼 수 있는 것이 거미인데, 이곳은 물난리로 인해 모두 떠내려간 것 같았습니다. 거미뿐 아니라 곤충도 거의 보이지 않았습니다. 눈에 띄는 것은 겨우 개미 몇 마리뿐입니다. 홍수나 태풍에 의한 피해 참상에 그저 놀랄 뿐이었습니다.

그래도 채집을 나왔으니 거미를 찾아 지대가 높은 곳으로 가 보았습니다. 동강 곳곳을 찾아 헤매다가 거운리에 있는 한 초등학교에 도착했습니다. 교실도 대도시에 비해 적고 운동장도 아담했습니다. 교실과 운동장 사이에는 큰 돌들로 나란히 쌓은 축대가 보입니다. 운동장과 건물을 구분하는 경계석 주변을 돌아다니다가 돌 틈 사이의 조그마한 구멍을 보았습니다. 고운땅거미일 것이라 판단하고 자동차에서 조그마한 모종삽을 가져와 조심스럽게 구멍 주위를 파기 시작했습니다. 다른 곤충이나 동물의 구멍일지도 몰라 후배들은 부르지 않았습니다. 자신만만하게 고운땅거미집이라 말해 놓고 고운땅거미가 나오지 않으면 창피할 것 같았기 때문입니다.

1 고운땅거미가 사는 서식지 풍경. 2 고운땅거미 암컷이 사는 전대 그물 입구. 3 고운땅거미 암컷. 4 전대 그물 입구에서 서성이는 고운땅거미 암컷. 5 암컷을 찾아다니는 수컷. 6 다른 종의 거미그물에 걸려 있는 수컷.

　혹시나 거미집이 부서지지 않을까 조심하면서 점점 땅속으로 파들어 갔습니다. 거미그물이 길게 연결되어 있었어요. 고운땅거미의 거미그물 역시 한국땅거미 거미그물처럼 전대 그물이라고 불리는 기다란 형태입니다. 두 전대 그물의 차이라면 고운땅거미는 우리나라에 살고 있는 땅거미과 5종 중 유일하게 땅속으로만 전대 그물이 있고 땅 위쪽으로는 그물이 없습니다. 땅속에 있는 전대 그물을 모종삽으로 다 파 보았습니다. 고운땅거미는 위협을 느꼈는지 전대 그물의 맨

아래 부분에 머무르고 있었습니다.

고운땅거미의 생김새가 궁금해 엄지손가락으로 밀어보니 전대 그물 위쪽으로 기어 올라옵니다. 전체 색깔은 황갈색을 띠었고, 땅속 생활을 해서인지 햇빛을 싫어해 자꾸 음지나 땅속으로 숨으려고 합니다. 음지로 옮겨 놓으니 움직임이 크지 않아 사진을 찍을 수 있었습니다. 촬영을 마친 후 채집통에 넣고 교수님께 고운땅거미를 채집했다고 말씀드렸더니 "오늘 밥값은 했네"라고 말씀하셔서 모두 한바탕 웃었답니다.

그 이후로 고운땅거미를 다시 만난 곳은 경기도 여주 고향집입니다2005. 9. 18. 뒤울 벽면 근처에서 발견했지요. 설마 그곳에 고운땅거미가 살고 있으리라고는 전혀 예상치 못했기 때문에 그 즐거움은 말할 수 없이 컸습니다. 최근에는 수컷도 발견했습니다2011. 9. 23. 벽 근처 거미줄에 낯선 거미 한 마리가 걸려 꼼짝 못하고 있더라고요. 느낌에 쉽게 만날 수 없는 녀석이구나 싶어 자세히 살펴보니 예상대로 땅거미인데, 정확한 종명을 알고 싶어 현미경으로 살펴보니 고운땅거미 수컷이었습니다. 처음 대면하는 수컷 고운땅거미가 다른 장소도 아닌 우리 집에 서식한다니 다시 한 번 경치 좋고 환경 오염되지 않은 고향마을이 있다는 사실에 감사한 마음을 갖게 되었습니다.

손짓거미

거꾸로 매달려 반갑다 손짓

아까시나무 꽃이 지고 난 칠보산은 녹색으로 옷을 갈아입었습니다. 졸참나무, 싸리나무, 떡갈나무 등 새순으로 치장한 활엽수 사이로 리기다소나무도 간혹 보입니다. 인적이 드문 비포장도로를 조심스럽게 올라갑니다. 하루살이 무리들이 짧은 생을 아쉬워하듯 짝 찾기에 한창입니다.

숲길을 걷다보니 손짓거미가 눈에 들어옵니다. 손짓거미는 거꾸로 매달린 모양으로 뒷다리는 뒤 거미줄을, 앞다리는 앞 거미줄을 잡고 있는 모습이 마치 오랑우탄이 줄을 잡고 이동하는 모습처럼 보입니다. 눈 바로 밑에 있는 짧은 두 다리로 먹이를 붙들고 독이빨로 물고는 이리 저리 돌리며 먹고 있습니다. 다리 4쌍 중 앞쪽 다리가 가장 강건하고 길게 뻗은 모습이 마치 반가운 손님에게 손짓을 하는 듯 보입니다. 손짓거미의 다리 끝 쪽에는 강인한 털 다발이 있습니다. 아무도 없는 산속에서 반갑게 인사하는 손짓거미를 만나면 꽝장히 반갑겠지요?

다리 8개 중 4개가 앞쪽을 향해 있고, 뒤쪽 2개는 뒤 끝 실을 잡고 있으며, 제일 작은 다리 한 쌍은 먹이를 잡고 돌리며 먹습니다. 이동할 때는 앞쪽 다리 한 쌍으로 앞줄을 잡아당겨 움직이고, 둘째 다리

는 이미 내놓은 실을 거둬들입니다. 아마도 거미그물을 재활용하려는 것 같습니다. 위협을 느끼면 바로 몸을 일자로 펴 죽은 척하거나 나무와 같아 보이게 합니다. 마른 나뭇가지가 거미줄에 걸려 있는 듯한 모습으로 의태하는 것이지요. 줄을 타고 아래로 쭉 내려오기도 하고, 몸을 튕겨진동 천적들로부터 보호하기도 합니다. 손짓거미의 거미그물은 줄 그물이라 해 한 가닥 또는 두세 가닥으로 먹이 포획 활동을 합니다.

칠보산에서 손짓거미 알주머니가 발견된 날짜는 2006년 6월 16일이었습니다. 전체 거미줄 길이를 재어보니 9.5센티미터 정도였고, 그 안에 1.5센티미터 정도 되는 암컷이 자기의 몸보다 큰 2.8센티미터 크기의 알주머니를 붙들고 있었습니다. 알주머니는 긴 대롱 형태로 짙은 갈색을 띠고 있었습니다.

6월 30일에는 새끼 손짓거미들이 알주머니를 뚫고 나오는 것을 보았습니다. 긴 대롱 속에서 25마리나 되는 작은 새끼들이 나오는 광경은 참으로 놀라웠습니다.

1 낮은 활엽수 사이로 손짓거미가 보인다. 2 한두 가닥의 거미줄을 치고 기다란 알주머니를 보호하는 암컷. 3 손짓거미 암컷을 확대한 사진. 4 알에서 깨어난 새끼들이 이동하고 있다. 5 알에서 깨어난 새끼들이 여러 마리 보인다.

주홍거미

우리나라에서 가장 아름다운 거미

주홍거미는 이름에서도 알 수 있듯 배의 등 쪽이 짙은 주홍빛을 띠고 있어 붙여진 이름이지만 수컷만 주홍색을 띨 뿐 암컷은 온 몸이 검은색입니다. 수컷의 머리가슴은 검은색이며, 주홍색인 배 중앙에는 검은색 근육점검고 둥근 무늬이 2~3쌍 있습니다. 외국에서는 무당벌레를 닮았다고 여겼는지 무당벌레Ladybird beetles와 비슷한 레이디버드 스파이더Ladybird Spider라고 부릅니다.

우리나라에 서식하는 726종의 거미 중 가장 예쁜 거미를 뽑으라면 나는 망설임 없이 주홍거미를 선택합니다. 영국에서는 주홍거미를 보호종으로 지정할 만큼 관심이 높습니다. 우리나라에서도 멸종위기 곤충과 마찬가지로 법적으로 보호해야 할 종이라 생각합니다.

내가 주홍거미를 처음 목격한 곳은 2005년 6월 2일 세계적으로 학술가치가 높은 충남 태안의 사구지역에서입니다. 주홍거미의 흔적을 찾으려고 헤매다가 풀잎 위를 이동하는 것을 발견하고는 마치 깊은 산중에서 산삼을 봤을 때 소리 지르듯 "심봤다"라고 외쳤습니다. 그토록 보고 싶었던 주홍거미 수컷이었습니다. 아마도 짝을 찾아 이동하다가 목격된 것 같습니다.

주홍거미는 5월 20일부터 6월 10일 사이에 집중적으로 출현하는

1 수컷에 비해 몸집이 큰 암컷 주홍거미. 2 주홍색 배에 검은 근육점 4개가 선명한 수컷. 3 알에서 갓 깨어난 새끼 주홍거미들. 작은 솜털이 보인다. 4 어미는 새끼들의 먹이가 된다.

데, 이제는 암컷을 보고 싶은 욕심이 생겼습니다. 사구지역을 찾은 지 여러 날, 검은 물체가 눈앞으로 휙 하고 나타나더니 땅속으로 들어갔습니다. 직감적으로 주홍거미 암컷이라는 것을 알았습니다2005. 6. 8.

암컷 주홍거미의 서식처는 통보리신초, 갯잔디, 갯보리, 갯완두, 갯멧꽃 등이 있는 사구의 초지입니다. 이 녀석이 사는 곳을 자세히 보니 땅속에 굴을 파서 거미그물로 튜브와 같은 대롱 모양을 만들고, 지면에는 체판실cribellate silk로 T자 모양의 터널형 지붕거미줄 막을 만들었는데 그 길이가 10센티미터 내외였고, 입구 크기는 2.5센티미터, 폭은 1.5센티미터였습니다. 지상부는 지하 은신처를 위장하는 역할을 하면서 점액성이 있는 것으로 보아 먹이를 잡는 사냥터로도 활용하는 것 같습니다. 지하부는 식물체의 줄기를 잘라 넣어 길이를 재

주홍거미 서식지 전경.

보니 8.6센티미터였고, 잡은 먹이를 먹거나 쉬는 은신처로 이용하는 것 같았습니다.

국내에서 수컷의 서식처와 생태에 대한 내용은 아직까지 밝혀진 것이 없습니다. 외국 문헌에 따르면 주홍거미 수컷도 암컷과 마찬가지로 마지막 허물벗기 전까지는 몸의 색깔이 검은색을 띠다가 마지막 허물벗기가 이루어진 뒤 수컷 특유의 주홍색이 된다고 합니다.

모래 사구에 서식하는 주홍거미는 어떤 곤충을 주로 먹는지 알아보려 곤충 분류 전문가의 도움을 받아 암컷 거미그물에 붙어 있는 곤충 사체들을 분석해 보았습니다. 그 결과 긴조롱박먼지벌레, 녹슬은방아벌레, 천궁표주박바구미, 모래붙이거저리, 물방개과 일종, 꽃방아벌레과 일종으로 모두 6종이 밝혀졌습니다.

풀 사이에 암컷이 만든 T자 튜브형 거미그물이 있다.

차일 모양의 단독주택 주인

내가 태어난 고향마을은 지형이 '마치 가마솥 같이 생겼으며, 그 가마솥에서 솟아오르는 김 같다'고 해 '가막지'라 불리는 곳입니다. 옛 어른들 말씀에 따르면 임진왜란 당시 왜군들이 이웃 마을을 통해 도망가면서 마을 사람들을 많이 해쳤지만 가막지는 자욱한 안개가 서려 마을이 잘 보이지 않아 피해를 면했다고 합니다.

　지금 이 마을에는 농가가 20여 호밖에 남지 않았지만, 내가 태어난 집은 그대로 있습니다. 1999년 12월 4일, 어린 시절의 추억을 떠올리면서 집안 곳곳을 둘러보았습니다. 사랑방과 창고 등을 둘러보니 차일 모양을 한 대륙납거미들이 많이 보입니다. 창고의 벽, 문 등에 대륙납거미 서식처가 여러 개 있습니다. 티끌로 위장된 거미그물을 살펴보니 뾰족한 나뭇잎 끝과 같은 피침 모양 은신처가 여러 개 있고, 거미는 그 안에 숨어 있습니다.

　대륙납거미는 낮에는 그물 안에 숨어 있다가 밤에 주로 활동하는데, 벽을 타고 오르내리는 노래기와 같은 작은 동물들을 잡아먹는답니다. 차일 모양의 대륙납거미 집에는 신호줄설렁줄 여러 개가 벽을 타고 늘이져 있어 곤충이나 삭은 농불늘이 이동하다가 건드리면 은신처에 숨어 있던 거미가 재빠르게 기어 나와 먹이를 물고 돌아갑니다.

1 먹고 난 동물들의 사체를 모아 차일 모양 거미집을 위장해 놓았다. 2 설렁줄은 비교적 굵은 거미줄 몇 가닥으로 구성된다. 3 위협을 느끼자 가까운 벽 틈으로 몸을 숨기는 대륙납거미. 4 먹이 탐색을 위해 밖으로 나오려는 대륙납거미.

1 나무 기둥을 오르는 대륙납거미 암컷. 2 차일 모양의 덮개를 열어보니 동그란 알주머니가 2개 보인다.

차일 모양 위쪽에는 먹고 난 찌꺼기들을 붙여 위장하기도 합니다. 대륙납거미는 은신처 안에 원반 모양 알을 낳으며, 은신처를 손으로 밀어 누르면 재빠르게 다른 곳으로 도망갑니다.

대륙납거미는 예로부터 코피가 날 때, 뛰어 놀다가 넘어져 무릎이 깨지거나 손에서 피가 날 때 잡아 으깨어 상처에 붙여 피를 멎게 하는 지혈제로 이용했답니다. 또한 엽전 모양 알주머니는 어린이의 구토를 멎게 하는 효능이 있답니다. 지금과 같은 가정상비약이 없던 옛날에는 훌륭한 민간처방제였던 것입니다.

대륙납거미의 차일그물은 건물 벽에 엽전과 같은 흰 막으로 된 주머니를 만들기 때문에 북쪽에 사는 사람들은 이것을 벽전벽고치이라고 부른답니다.

거미가 약으로 쓰였다고요?

곤충이나 거미류를 약재로 이용한 사례는 『본초강목』, 『중약대사전』, 『동물약지』 등에 나와 있으며, 최근에는 『곤충류약물도감』에 220종이 소개되기도 했습니다. 그 중 거미류는 생체와 거미줄, 탈피각 등 11종이 지혈, 인후염, 타박상 및 편도선염 개선에 쓰였습니다.

대륙납거미는 '벽전(壁錢)'이라 해 해독 및 지혈 효능이 있는데, 인후염, 궤양성 입냄새, 치질, 욕창, 칼 등에 의한 자상으로 인한 출혈을 멈추는 데 이용했으며, 사용법은 생체로 채집해 끓인 물에 넣어 죽인 후 햇볕에서 건조한 뒤 1~2마리를 가루 내어 먹거나 생체를 찧어 즙을 내 상처에 붙였습니다. 대륙납거미의 차일 모양 거미그물 및 알주머니는 '벽전막(壁錢幕)'이라 해 가을에 채집해 생체로 이용하거나 건조해 사용하는데, 이 역시 인후염, 창 · 칼로 인한 출혈 지혈과 구역질, 기침, 편도선염을 완화시키는 데 효과적입니다.

국내에서는 곤충류의 약용이 지네 같은 일부 종에 국한되어 있지만 중국에서는 전갈, 수질(거머리), 선태(매미 허물), 자충(바퀴류 일종) 등의 동물 생약과 인삼, 작약 등의 식물이 혼합된 생약을 이용해 혈관질환을 예방하고 치료하는 약재를 개발 및 판매하고 있습니다. 우리나라에서도 거미와 곤충으로부터 다양한 신약 후보물질 선발과 천연물 신약개발, 고기능성 항생 펩티드를 이용한 천연항생제 개발 등이 기대됩니다.

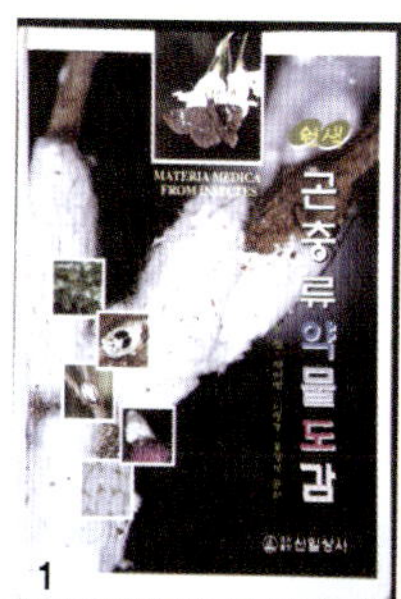

1 『곤충류약물도감』 표지. 2 생약으로 판매되는 상품(애심, 중국). 3 중국에서 생약으로 쓰이는 건조 곤충들. 4 생약의 일종인 건조된 바퀴벌레.

끈적한 침으로 먹이를 잡는 사냥 고수

우리나라에 살고 있는 거미들 대부분은 거미줄이나 거미그물을 쳐서 먹이가 걸리기를 기다리거나, 늑대거미나 깡충거미처럼 땅 위나 식물체 위를 배회하다가 먹이를 잡아먹습니다. 그러나 아롱가죽거미는 색다른 방법으로 먹이를 잡습니다.

아롱가죽거미가 주로 사는 장소는 시골의 오래된 집이나 창고, 마루 밑 등 사람의 왕래가 드물고 어두운 곳이며, 주로 야간에 활동하는데 마치 사람들이 껌을 씹다가 버리듯 끈끈한 점액을 뱉어 먹이를

1　2

잡습니다. 아롱가죽거미가 먹이사냥을 하는 모습을 한 번도 보지 못해 궁금하던 차에 우연하게 먹이를 포획한 장면을 보게 되었습니다 2006. 10. 7. 끈적한 점액을 뱉는 장면은 목격하지 못해 아쉬웠지만 바로 그 다음 광경이라도 볼 수 있어 다행입니다. 좀 더 관심을 갖고 관찰해야겠습니다.

아롱가죽거미를 보면 생각나는 추억이 하나 있습니다. 껌이 귀하던 어린 시절, 씹던 껌을 벽에 붙여 놓았다가 다시 씹고 또 씹었던 추억과 세월이 조금 흘러 껌이 대중화된 후에는 친구들이 한 줄로 서서 씹던 껌을 뱉어 누가 멀리 나가는지 시합을 하고 꼴찌를 한 친구는 다른 친구들의 가방을 집까지 들어다 주었던 기억이 납니다.

여름이 시작되는 7~8월에 다 자라 성숙하면 짝짓기를 하고, 알을 실로 엮어 물고 다니며 보호합니다.

1 주변을 살피고 있는 아롱가죽거미. 2 갓 탈피한 아롱가죽거미. 3 다른 개체의 아롱가죽거미를 포획하고 있다.
4 아롱가죽거미가 서식하는 전통 가옥.

물속 잠수부

우리나라에 살고 있는 거미 중 유일하게 물속에 사는 거미입니다. 거미가 물속에서 산다니 참 신기하지요? 하지만 옛날 거미 조상은 지금과 같은 초원과 인가, 숲에서 살았던 것이 아니라 물속 생활을 했답니다. 물속에서 살던 거미가 점차 육지로 올라와 땅속으로 들어간 녀석들도 있고, 초원을 헤매다가 동굴로 들어간 녀석들, 초원의 식물체 위로 올라가 거미줄을 치고 사는 녀석들까지, 지금처럼 다양한 삶터를 갖게 된 것입니다.

그러나 물거미는 땅속도 동굴도 초원도 싫었나 봅니다. 육지로 올라왔다가 다시 고향으로 돌아갔으니 말입니다. 땅 위에는 많은 동물들이 살고 환경의 변화도 컸을 것입니다. 그래서 물거미는 자신이 살던 옛집, 물속으로 돌아간 것이지요. 그렇다고 물속이 안전한 것만은 아닙니다. 물속에도 물거미를 잡아먹는 천적들이 많지만 그래도 물거미는 물속이 땅 위보다는 안전하다고 생각했나 봅니다.

1955년 우리나라에서 물거미를 처음 채집하고 보고한 사람은 일본 학자입니다. 그로부터 40년이 지난 1995년 한 초등학교 선생님에 의해서 물거미가 발견되고 알려지게 되었습니다.

1996년 5월 2일, 물속에 사는 신기한 물거미를 관찰하기 위해 후배들과 차를 몰고 연천으로 향했습니다. 물거미가 살고 있다는 지역에 도착해 보니 넓은 습지에 물이 야트막하게 고여 있었습니다. 누구라 할 것 없이 서둘러 신발과 양말을 벗고 뜰채를 챙겨 습지 안으로 들어갔습니다. 서로 먼저 물거미를 채집하려는 듯 이곳저곳을 뜰채로 뜨며 나아갔습니다. 이윽고 흥분한 한 후배의 목소리가 들려왔습니다.

1 물거미 서식지 전경. 2 천연기념물 물거미 서식지 입간판. 3 경고 입간판.

“형, 물거미 잡았어요!”

“어디, 한 번 보자” 하고 미친 듯이 달려갔습니다.

처음 보는 물거미는 크기 1.5센티미터 정도의 암컷이었고, 몸 전체가 짙은 갈색을 띠고 있었습니다. 신기한 것이 물 밖에서는 일반 거미들과 똑같은데 물 위에 놓으면 바로 공기주머니를 만들고 물속으로 들어갑니다. 물거미가 공기주머니를 어떻게 만드는지 궁금해 자세하게 살펴보니, 수면으로 올라가 실젖과 항문 부분을 물 위로 내밀고 순간적으로 지름 1~1.2센티미터의 공기방울을 만듭니다. 그리고 배와 다리 공기방울을 수면 아래 땅 쪽으로 운반해 주변의 수초나 지면에 붙이기를 반복합니다. 그렇게 여러 차례 오르락내리락 하면서

1 동그란 공기주머니 집에서 나오는 암컷. 2 거미줄을 타고 밖으로 나오는 수컷. 3 수초를 잡고 은신처로 이동하고 있다. 4 먹이를 잡으러 수초 사이를 돌아다니고 있다.

자신의 몸보다 약간 더 큰 공기주머니 집을 만드는 것입니다.

물거미에게 공기주머니 집은 먹이를 먹는 장소이며, 알주머니를 만들고 알을 낳는 곳으로 휴식처이자 안식처입니다. 공기주머니는 물거미 몸의 크기에 따라 차이가 있는데, 몸의 크기가 클수록 공기주머니 집의 크기도 상대적으로 큽니다. 갓 태어난 새끼 물거미들도 본능적으로 공기주머니를 만들고 먹이를 사냥하며 그 속에서 먹이를 먹는데, 어떤 녀석들은 얌체같이 다른 물거미가 만들어 놓은 공기주머니 집을 슬쩍 훔치는 녀석도 있습니다.

물거미는 물속에서 살지만 뛰어난 수영선수는 아닙니다. 개구리처럼 물갈퀴가 있는 것도 아니고 수영선수처럼 헤엄을 잘 쳐서 빠르게

3 4

물속을 이동하지도 못합니다. 그래서 물거미는 식물체의 줄기나 자신이 쳐놓은 거미줄을 이용해 이동을 합니다. 물거미는 자신의 일생 거의 전부를 물속에서 살기 때문에 육지에 사는 거미들과는 확연하게 다릅니다. 육지에 사는 거미 중 늑대거미과의 어리별늑대거미는 위험에 처하면 물속으로 뛰어들어 죽은 듯이 잠수하지만 물거미처럼 오래 참을 수 없기 때문에 밖으로 나와야 합니다.

1999년 10월 18일 물거미가 살고 있는 지역이 천연보호지역으로 지정되어 더 이상 채집할 수 없게 되었습니다. 아직까지 연천지역 외에는 우리나라에서 물거미가 발견된 지역이 없기 때문에 이 지역을 더욱 잘 보존해야 합니다.

거미 닮은 고둥을 아시나요?

치라그라의 거미고둥(*Lambis chiragra*)은 일반 고둥과 달리 길게 휘어진 다리 모양의 외순이 퍼져 있으며, 기어다닐 때 우산을 쓰듯 들고 다닌다고 합니다. 매우 희귀한 모양의 고둥으로 길게 휘어진 다리가 마치 거미의 다리를 연상케 합니다. 인도양, 태평양 근해의 바닷가 모래 속에 서식합니다.

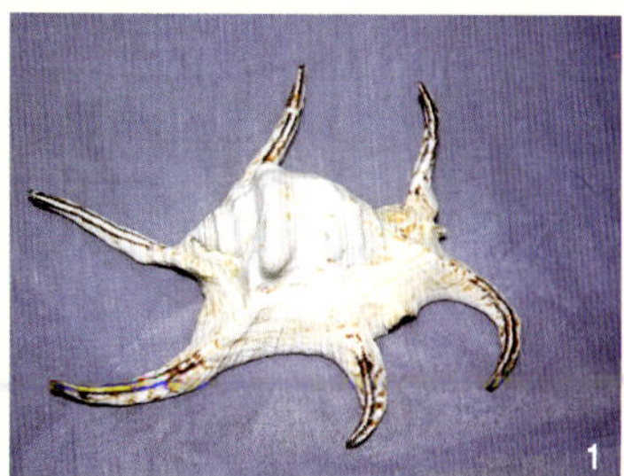

1 거미고둥 윗면. 2 거미고둥 아랫면.

너구리거미

흙을 사랑해 흙에 살리라

봄이 되면 고향집 주변 울타리 안에는 배꽃이 흐드러지게 피고, 이에 질세라 딸기 꽃도 핍니다. 민들레가 꽃을 피우고 홀씨가 되어 날아가기도 합니다. 뒤울에는 장독대가 있고 장작이 세월만큼 높게 쌓여 있습니다. 풀밭 사이로 깨진 질그릇 하나가 엎어져 있습니다.

시대에 밀려 깨진 질그릇, 가만히 다가가 뒤집어 보았습니다. 조용했던 질그릇 안 세상에 난리가 났습니다. 유령거미는 몸을 흔들며 자

너구리거미들이 주로 서식하는 산림의 낙엽.

1 낙엽 위를 배회하고 있는 암컷. 2 아직 미성숙한 수컷 너구리거미.

신을 보호하려고 안간힘을 씁니다. 썩덩나무노린재도 도망가느라 정신이 없습니다. 그 옆에 너구리거미 3마리가 보입니다.

　석사 학위 논문을 준비하느라 논거미를 조사하면서 논 지역 인근 야산에서 너구리거미 한 놈을 관찰한 적이 있고1997. 7. 13, 박사 학위 논문 준비를 위해 산림성 거미를 조사하던 중 44마리를 관찰한2000. 5~9월 후 처음 만나게 되었습니다. 너구리거미들은 낯선 환경에 잠시 반응을 보이다가 안정을 찾았는지 그대로 멈췄습니다. 포즈도 좋고 날이 흐려 반사되는 빛이 없었기 대문에 사진 찍기 딱 좋은 조건이었습니다2007. 4. 22.

참고문헌

김민수, 최호철, 김무림, 1997. 『우리말 어원사전』. 태학사. p 33.

김병우, 김주필. 2010. 〈한국산 거미目 목록(2010년도 개정)〉. 『한국거미.26(2)』:121−165.

김주필. 1997. 『논거미의 연구』. 한구거미 연구소. p15−25.

김주필, 2008. 『거미생물학』. pp255.

김주필, 조주래, 박태순. 1995. 〈거미류의 구혼과 교미에 관한 고찰〉. 『한국거미.11(2)』. p99−114.

김주필, 정종우, 김병우. 〈진정거미류를 중심으로 한 거미강의 개요〉. 『한국거미.21(1)』. p7−19.

김중수, 이창언, 노분조. 1998. 『동물분류학』. 집현사. pp502

김태우, 〈사마귀 짝퉁, 사마귀붙이〉. 『자연과생태. 2009년 3월호』 p66−69.

백갑용, 1978. 『한국동식물도감 제21권 동물편(거미류)』. pp546.

심우장, 김경희, 정숙영, 이홍우, 조선영. 2008. 『이야기동물원 설화 속 동물인간을 말하다』. 책과 함께. p323−334.

안정석. 2003. 〈17세기 근대국어의 고유어 접두사 연구〉. 한국교원대학교 대학원 석사학위논문. p33.

이수영. 2004. 『우리가 꼭 알아야 할 우리곤충도감』. 예림당. p 19.

이영보. 2006. 〈물속에 사는 유일한 거미, 물거미〉. 『자연과 생태』. p62−67.

이영보. 2006. 〈3중 그물을 치는 가을거미 무당거미〉. 『자연과 생태』. p52−57.

이영보. 2007. 〈한국최초 생태보고 주홍거미 1〉. 『자연과 생태 3 · 4월호』. Vol.8:32−37.

이영보. 2007. 〈한국최초 생태보고 주홍거미 2〉. 『자연과 생태 5 · 6월호』. Vol.9:30−35.

이은, 이인용, 박현정, 이준영, 조백기. 2008. 〈한국깔대기거미에 거미물림 1예〉. 대한피부과학회지 2008;46(9):1266−1269.

이주희. 2011. 『내 이름은 왜?』. 자연과생태. p143−147/p215.

이주희, 2009. 〈흉조와 길조 두 얼굴을 가진 까마귀〉. 『자연과 생태. 2009년 3월호』 p92−93.

이진원, 김주필. 2006. 〈한국산 통거미목(절지동물문: 거미강)의 분류학적 연구〉. 『한국거미 22(2)』. pp157−186.

임문순, 김승태, 1999. 『거미의세계』. 다락원. pp 239.

연합뉴스. 2003. 〈NASA, 호주거미 이용 우주서 무중력 실험〉.

정성우. 1996. 〈한국산 정주성 거미류의 거미그물 형태에 관한 연구〉. 동국대학교 교육대학원

생물교육전공. 석사학위 논문.

조안 엘리자베스.2004.『세상에 나쁜 벌레는 없다』. 민들레. p271-297.

하민정, 배지윤, 천혜연, 김주필. 2004. 〈한국산 장님거미목(절지동물문; 거미강)의 미기록 3종보고〉.『한국거미.20(2)』pp53-71).

현종오, 이진승, 이응신, 이경호, 조광희, 한인옥, 정대홍, 최원호, 이태원, 김희백, 이상인, 김찬종, 박정웅, 서만석, 이태형, 이인선. 2007.『고등학교과학』. 한국과학문화재단. p294-305.

강경운. 2008. 〈3,000년 전 거미 신 섬기던 예배당 발견〉. 서울신문 나우뉴스.

최영철, 박인균, 홍성진, 황재삼, 이상범, 윤형주, 이영보, 윤은영, 김미애, 김원태, 김성현, 변영웅, 김남정, 박관호. 2011.『곤충의 새로운 가치』. 농촌진흥청 국립농업과학원. p105.

최학근,『한국방언사전』. 명문당. p1400-1401

황희라, 임선아.『초등학교 선생님이 알려 주는 교과서 동물 101가지』. 길벗스쿨. p122-123.

Donald J. Borror. 1988. Dictionary of Word Roots and Comvining Forms. mayfield publishing company. p67.

http://www.hani.co.kr/arti/society/society_general/334423.html

http://yes3man.egloos.com/7286688

http://www.ecolive.or.kr/13/vod_view.asp?p_key=SP0075

http://enc.daum.net/dic100/contents.do?query1=b09b2930a

http://www.hani.co.kr/arti/society/society_general/334423.html

http://www3.yonhapnews.co.krcgi-bin/naver/getnews

http://gumi.grandculture.net/Contents/Index?contents_id=GC01202896

http://cafe.naver.com/namugardendesign.cafe?iframe_url=/ArticleRead.nhn%3Farticleid=140&

http://customsearch.naver.com/dbplus.naver?pkgid=201007140&query=%EC%B9%A0%EC%84%9D&id=000000049b3f

거미줄(그물) 관련 용어